Wissenschaftliche Taschenbücher WTB

Mathematik · Physik

L. I. Miroschnitschenko

Kosmische Strahlung im interplanetaren Raum

Akademie-Verlag · Berlin

WTB Wissenschaftliche Taschenbücher

Eine Auswahl lieferbarer Bände:

JOACHIM AUTH / DIETMAR GENZOW
KLAUS H. HERRMANN
Photoelektrische Erscheinungen

HANS BANDEMER
ANDREAS BELLMANN
WOLFHART JUNG / KLAUS RICHTER
Optimale Versuchsplanung

FRANK BEICHELT
Prophylaktische Erneuerung von Systemen

JOACHIM BELLACH / PETER FRANKEN
ELKE WARMUTH / WALTER WARMUTH
Maß, Integral und bedingter Erwartungswert

WOLFRAM BRAUER
HANS-WALDEMAR STREITWOLF
Theoretische Grundlagen der Halbleiterphysik

SIEGFRIED BREHMER
Einführung in die Maßtheorie

SIEGFRIED BREHMER
Hilbert-Räume und Spektralmaße

JOHN CUNNINGHAM
Vektoren

GEORG DAUTCOURT
Relativistische Astrophysik

K. CH. DELOKAROV
Relativitätstheorie und Materialismus

WERNER DÜCK
Diskrete Optimierung

HANNELORE FISCHER
JOACHIM PIEHLER
Modellsysteme der Operationsforschung

GOTTFRIED FRITZSCHE
Grundlagen und Entwurf passiver Analogzweipole
Netzwerke I
Entwurf passiver Analogvierpole
Netzwerke II

HERBERT GOERING
Asymptotische Methoden zur Lösung von Differentialgleichungen

HERBERT GOERING
Elementare Methoden zur Lösung von Differentialgleichungsproblemen

EDUARD HERLT / NIKOLAUS SALIÉ
Spezielle Relativitätstheorie

HELMUT HESS
Der elektrische Durchschlag in Gasen

V. I. KARPMAN
Nichtlineare Wellen in dispersiven Medien

ULRICH KAUSMANN
KLAUS LOMMATZSCH
FRANTIŠEK NOŽIČKA
Lineare parametrische Optimierung

A. R. KESSEL
Akustische Kernresonanz

KONRAD KREHER
Festkörperphysik

DIETER KRESS
Theoretische Grundlagen der Signal- und Informationsübertragung

Dieter Leuschner
Grundbegriffe der Thermodynamik

V. S. Letochow
Laserspektroskopie

Dierck-Ekkehard Liebscher
Relativitätstheorie mit Zirkel und Lineal

Wolfgang Meiling
Digitalrechner in der elektronischen Meßtechnik
Teil 1: Meßmethodik
Teil 2: Gerätetechnik und Anwendungen

Robert Rompe
Hans-Jürgen Treder
Über Physik — Studien zu ihrer Stellung in Wissenschaft und Gesellschaft

Ulrich Röseberg
Quantenmechanik und Philosophie

Albrecht Rost
Messung dielektrischer Stoffeigenschaften

J. V. Sačkov
Wahrscheinlichkeit und Struktur

E. M. Sawizki
Perspektiven der Metallforschung

Wolfgang Schäfer
Theoretische Grundlagen der Stabilität technischer Systeme

Ernst Schmutzer
Symmetrien und Erhaltungssätze der Physik

Volkmar Schuricht
Kernexplosionen für friedliche Zwecke

Norbert Sieber
Hans-Peter Leidhold
Einführung in die Datenverarbeitung

Gerhard Wunsch
Zellulare Systeme

Festkörperphysik
Entwicklungstendenzen und Anwendungsmöglichkeiten

Die Schöpfer der physikalischen Optik
Eine Artikelsammlung

Hans-Georg Schöpf
Von Kirchhoff bis Planck

Horst Melcher
Albert Einstein wider Vorurteile und Denkgewohnheiten

Helmut Friemel / Josef Brock
Grundlagen der Immunologie

Eberhard Hofmann
Funktionelle Biochemie des Menschen
Band 1 und 2

Lothar Jäger
Grundlagen der Klinischen Immunologie

Karlheinz Lohs
Dieter Martinetz
Entgiftung — Mittel, Methoden und Probleme

Joachim Nitschmann
Entwicklung bei Mensch und Tier

Stephan Schnitzler
Pharmakologische Aspekte von Immunreaktionen

Dieter Spaar
Helmut Kleinhempel
Hans Joachim Müller
Klaus Naumann
Bakteriosen der Kulturpflanzen

Eberhard Teuscher
Pharmakognosie
Teil I—III

MICHAEL THEILE
SIEGFRIED SCHERNECK
Zellgenetik

HEINRICH BREMER
KLAUS-PETER WENDLANDT
Heterogene Katalyse

PETER BIRNER
HANS-JÖRG HOFMANN
CORNELIUS WEISS
MO-theoretische Methoden in der organischen Chemie

GÜNTHER EPPERT
Einführung in die Schnelle Flüssigchromatographie

GERHARD GEISELER / HEINZ SEIDEL
Die Wasserstoffbrückenbindung

HELMUT HRAPIA
Einführung in die Chromatographie

HANS LUPPA
Grundlagen der Histochemie
Teil I und II

DIETER ONKEN
Antibiotika – Chemie und Anwendung

BURKART PHILIPP
GERHARD REINISCH
Grundlagen der makromolekularen Chemie

HORST REMANE / RAINER HERZSCHUH
Massenspektrometrie in der organischen Chemie

ADOLF ZSCHUNKE
Kernmagnetische Resonanzspektroskopie in der organischen Chemie

Vorschau auf die nächsten Bände:

HEINRICH ARNOLD
Physikalische Chemie der Halbleiter

HORST-HEINO VON BORZESZKOWSKI
RENATE WAHSNER
Newton und Voltaire

WERNER DÖPKE
Dynamische Aspekte der Stereochemie organischer Verbindungen

GOTTFRIED FRITZSCHE
Entwurf aktiver Analogsysteme
Netzwerke III

FALKO H. HERRMANN
MARINA HERRMANN
Das Hämoglobin des Menschen

GERHARD JACKISCH
Johann Heinrich Lamberts „Cosmologische Briefe“ mit Beiträgen zur Frühgeschichte der Kosmologie

HASSO MEINERT
Fluorchemie

Das Neutron
Eine Artikelsammlung

VOLKER NOLLAU
Semi-Markovsche Prozesse

RAINER SINZ
Chronopsychophysiologie, Chronobiologie und Chronomedizin

HUBERTUS STOLZ
Supraleitung

WTB

BAND 244

L. I. Miroschnitschenko

Kosmische Strahlung im interplanetaren Raum

Mit 64 Abbildungen und 3 Tabellen

AKADEMIE-VERLAG · BERLIN

Reihe MATHEMATIK UND PHYSIK

Herausgeber:
Prof. Dr. phil. habil. W. Holzmüller, Leipzig
Prof. Dr. phil. habil. A. Lösche, Leipzig
Prof. Dr. phil. habil. H. Reichardt, Berlin
Prof. Dr. rer. nat. habil. H.-J. Treder, Potsdam

Übersetzung aus dem Russischen:
Dr. Rainer Gerbatsch
Dresden

Bearbeitung der deutschen Ausgabe:
Dr. sc. Robert Knuth
Institut für Elektronik der AdW, Neustrelitz

Titel der Originalausgabe:
Л. И. Мирошниченко
Космические лучи в межпланетном пространстве
Verlag NAUKA, Moskau 1973

1979
Erschienen im Akademie-Verlag,
DDR-108 Berlin, Leipziger Str. 3–4
Lektor: Dipl.-Met. Heide Deutscher

Lizenznummer: 202 · 100/458/79
P 17/79
Gesamtherstellung: VEB Druckhaus „Maxim Gorki", 74 Altenburg
Bestellnummer: 762 225 3 (7244) · LSV 1405
Printed in GDR
DDR 12,50 M

Inhaltsverzeichnis

Vorwort des Autors zur deutschsprachigen Ausgabe

Die Herausgabe dieses Buches in deutscher Sprache durch den Akademie-Verlag gibt mir die angenehme Möglichkeit, die Leser in der DDR über eines der interessantesten Gebiete der modernen kosmischen Physik zu informieren.

Die kosmische Strahlung dient schon seit mehreren Jahrzehnten als sehr wertvolle Informationsquelle, sowohl über Kernprozesse in den Tiefen des Kosmos und in der Erdatmosphäre als auch über elektromagnetische Erscheinungen in den Hüllen der Sterne (darunter in der Atmosphäre der Sonne), in der Nähe von Planeten, im interplanetaren Raum, in entfernten Winkeln der Galaxis und jenseits ihrer Grenzen. In der Gegenwart nutzen die Wissenschaftler die kosmische Strahlung nicht nur in ihrer Eigenschaft als Sonde und Informationsquelle über den Kosmos, sondern sie beginnen auch ihre wichtige energetische Rolle in den gewaltigen elektromagnetischen und dynamischen Prozessen des Weltalls zu begreifen, und sie erkennen auch ihre mögliche Einwirkung auf die Biosphäre der Erde.

Die Erforschung der kosmischen Strahlung hat sich in den letzten Jahrzehnten stürmisch entwickelt. Dabei beobachtet man eine Verflechtung und ein gegenseitiges Durchdringen der Wissenschaft über die kosmische Strahlung mit anderen Zweigen der kosmischen Physik. Ein besonderer Platz gebührt der kosmischen Strahlung (besonders der solaren Ursprungs) bei der Untersuchung von Problemen der solar-terrestrischen Beziehungen. Die Zusammenarbeit an diesem Problem hat einen komplexen und internationalen Charakter angenommen. Zum Beispiel bearbeiten Wissenschaftler der DDR und der UdSSR in Zusammenarbeit mit Fachkollegen aus den anderen sozialistischen Ländern erfolgreich eine Reihe von Fragen der solar-terrestrischen Physik im Rahmen des „Programms Interkosmos“ und in der KAPG (Kommission der Akademien der Wissenschaften der sozialistischen Länder für Planetare Geophysik).

Das Buch wendet sich im wesentlichen an einen breiten Leserkreis. Der Autor hofft jedoch, daß es auch für Kosmos-Physiker nützlich sein möge, die Spezialisten auf dem Gebiet der solar-terrestrischen Beziehungen sind. Um den gegenwärtigen Stand des Wissens zu widerspiegeln (das Buch wurde in der UdSSR Ende 1973 herausgegeben), mußte ich bei der Vorbereitung der deutschsprachigen Ausgabe eine Reihe kleiner, aber wichtiger Korrekturen und Ergänzungen anbringen, die den Grundgehalt des Buches nicht berühren und seine Kompaktheit nicht beeinträchtigen. Diese Korrekturen können jedoch nicht den gesamten Umfang der neuen Informationen über die kosmische Strahlung erschöpfen, die in den letzten Jahren erhalten wurden. Deshalb erscheint es passend, hier einige neue Ergebnisse, Methoden und Forschungsrichtungen zu erwähnen, die sich für Spezialisten als wichtig erweisen können, aber bisher im Buch keine Berücksichtigung gefunden haben.

Vor allem wäre zu erwähnen, daß in der UdSSR eine neue sogenannte spektrographische Methode zur Untersuchung der Variationen der kosmischen Strahlung realisiert wurde. Mit Hilfe mehrerer Geräte, die in verschiedenen Höhen aufgestellt werden (Sajan-Gebirge, Sibirien; Bereich des Elbrus, Kaukasus), gelingt eine Abtrennung der Variationen magnetosphärischen und extraterrestrischen Ursprungs (insbesondere kann man damit die Veränderungen der Cut-Off Rigidity der hochenergetischen Teilchen bei geomagnetischen Stürmen ermitteln).

Eine wichtige Methode zur Untersuchung von Inhomogenitäten des interplanetaren Magnetfeldes wurde die Analyse von kurzperiodischen Fluktuationen der Intensität der kosmischen Strahlung (derartige Untersuchungen wurden möglich dank einer beträchtlichen Erhöhung der statistischen Genauigkeit bei der Registrierung der kosmischen Strahlung durch neue Geräte auf großen Auffangflächen).

Interessante Ergebnisse wurden bei der Untersuchung der kosmischen Strahlung niedriger Energien (ca. 1 MeV/Nukleon) erhalten. Es wurde zum Beispiel ein übermäßiges Vorhandensein von Atomkernen des Elementes Bor im interplanetaren Raum im Vergleich zu seinem Anteil in der solaren Atmosphäre aufgedeckt (diese Tatsache spricht für die galaktische Herkunft dieser Kerne). Außerdem erwies sich, daß nicht nur die Sonne eine Quelle von Protonen mit Energien um 1 MeV sein kann, sondern auch die Magnetosphären der Erde und des Jupiters.

Außergewöhnliches Interesse fanden die Ergebnisse, die in den letzten Jahren durch eine sowjetische Gruppe unter Leitung von A. N. Tscharachtschjan erhalten wurden. Von ihnen wurde ermittelt, daß die Intensität der kosmischen Strahlung nicht immer durch die Sonnenaktivität kontrolliert wird. Während einzelner Perioden beobachtet man ungewöhnliche Abweichungen der 11jährigen Variation der kosmischen Strahlung vom 11jährigen Verlauf der Sonnenaktivität. Das weist auf das Bestehen neuer physikalischer Faktoren hin, die auf die kosmische Strahlung einwirken, offensichtlich im Maßstab des gesamten Sonnensystems (möglicherweise ist dieser Faktor das allgemeine Dipolfeld der Sonne).

Zum Schluß ist noch der bedeutende Fortschritt bei dem Problem der Vorhersage der Sonnenaktivität (insbesondere der Eruptionen) und der Strahlungsverhältnisse im interplanetaren Raum zu erwähnen. Diese sehr schwierigen Aufgaben werden gegenwärtig auf komplexer Grundlage unter Benutzung bodengebundener und kosmischer Beobachtungsverfahren gelöst (z. B. durch kosmische Stationen der Typen „Prognos“,

„Skylab", „Salut" u. ä.), dabei wird auch der vielschichtige Charakter der Prozesse in der Sonnenatmosphäre und im interplanetaren Raum berücksichtigt.

Abschließend drücke ich meine herzliche Dankbarkeit dem Akademie-Verlag der DDR für die Veröffentlichung und Dr. R. Knuth für die Herausgabe des Buches in deutscher Sprache aus.

Moskau, Januar 1978 L. I. Miroschnitschenko

„Die kosmische Strahlung ist eines der leistungsfähigsten Instrumentarien zur Erkenntnis des Weltraums und seiner Gesetze ... Sie zu erforschen heißt den Finger am Puls unseres Sternensystems zu halten.“

W. L. Ginsburg

1. 100 Millionen Jahre vor unserer Zeit

In der biologischen Geschichte der Erde hatte vor 100 Millionen Jahren bereits die Blütezeit begonnen: Die Kontinente bedeckte ein grüner Pflanzenteppich, im Weltozean tümmelte sich vielfältiges Leben, und seine Gestade wurden von gigantischen Reptilien beherrscht.

Etwa in dieser Epoche soll sich in riesiger Entfernung von der Erde, im Zentrum unserer Galaxis[1]) (Abb. 1), nach Annahme einiger Wissenschaftler eine Explosion gewaltigen Ausmaßes ereignet haben. Ihre Energie breitete sich in Form verschiedenartiger Strahlung — als sichtbares Licht, Radiowellen, Teilchen usw. — in der Galaxis aus. Träger eines Teils dieser Energie war die kosmische Strahlung, schnelle geladene Teilchen, vorwiegend Wasserstoffkerne (Protonen). Die bei der Explosion ausgeworfene Materie soll die umfangreiche Korona der Galaxis, den Halo, bilden.

Bei ihrer Fortbewegung vom Epizentrum der Explosion stießen die Teilchen auf die Magnetfelder des galaktischen Raumes. Die Bahnen der kosmischen Teilchen krümmten sich allmählich, kamen durcheinander, und die Bewegung zu den „Rändern“ der Galaxis verlangsamte sich. In

[1]) Unser Sternsystem — die Galaxis — umfaßt mehr als 100 Milliarden Fixsterne, darunter die Sonne. Die Galaxis hat die Form einer gigantischen Linse mit einem Durchmesser von etwa 100000 und einer Dicke von etwa 1000 Lichtjahren (ein Lichtjahr ist die Entfernung, die vom Licht bei einer Geschwindigkeit von 300000 km/s in einem Jahr zurückgelegt wird; ein Lichtjahr ist gleich $9{,}5 \cdot 10^{12}$ km, d. h. fast 10 Billionen Kilometer).

Stößen mit Partikeln des interstellaren Gases verloren sie ihre Energie.

Millionen von Jahren waren erforderlich, ehe die schnellsten Teilchen zur Erde gelangten. Der Teilchenstrom nahm mit der Zeit zu, wobei aber die neu ankommenden Teilchen eine geringere Geschwindigkeit

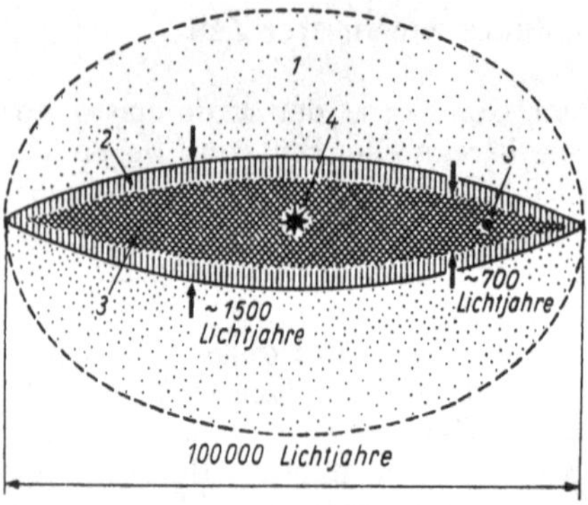

Abb. 1. Schema unserer Galaxis

1 – Galaktischer Halo; *2* – Radiodiskus; *3* – optischer Diskus; *4* – Zentrum der Galaxis; *S* – Sonne

besaßen. Gegenwärtig hat sich in Erdnähe ein Strahlungsfluß mit einem Maximum bei Teilchen mit einer Energie von etwa 500 Mio. Elektronenvolt (eV) eingestellt.

In Abb. 2 ist in Form einer asymmetrischen Kurve die Zahl der in 1 s auf eine Fläche von 1 cm² in der Einheit des Raumwinkels auftreffenden Teilchen (Protonen) in Abhängigkeit von ihrer kinetischen Energie ε_k in Energieintervallen von 1 GeV $= 10^9$ eV (1 Mrd. eV) aufgetragen. Eine derartige Abhängigkeit wird als differentielles Energiespektrum $D(\varepsilon_k)$ bezeichnet im Unterschied zum integralen Energiespektrum $\eta(> \varepsilon_k)$, das eine analoge Abhängigkeit für die Gesamtzahl der Teilchen mit einer Energie größer als einer vorgegebenen darstellt.

Diese Hypothese einer Explosion im Kern der Galaxis ist die effektvollste, aber nicht die einzig mögliche Erklärung des Ursprungs der galaktischen kosmischen Strahlung. Obwohl das Problem insgesamt noch nicht als

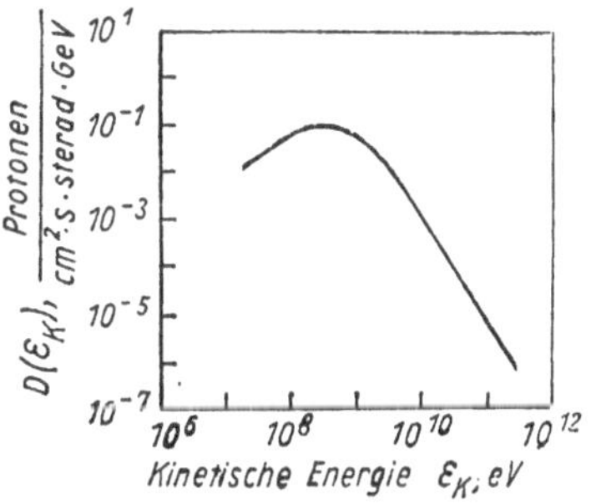

Abb. 2. Energieverteilung der kosmischen Strahlung an der Erde (differentielles Energiespektrum)

gelöst betrachtet werden kann, sprechen schwerwiegende Gründe dafür, daß der überwiegende Teil der kosmischen Strahlung den weniger mächtigen Explosionen der sogenannten Supernovae entstammt.

Noch vor 15 Jahren schätzte man das Alter der kosmischen Strahlung auf Hunderte von Millionen Jahren. Die neuesten astrophysikalischen Entdeckungen gestatten es, neue Gesichtspunkte zum Problem der Entstehung und des Alters der kosmischen Strahlung zu entwickeln. 1965 fand man, daß im Weltraum ein ständiger Strahlungspegel thermischer Photonen vorhanden ist, deren Energie der Strahlung eines absolut schwarzen Körpers bei nur 2,7 Grad Kelvin (K) entspricht. Bei Stößen mit den thermischen Photonen verlieren die Partikel der kosmischen Strahlung an Energie, was zu einer Verzerrung des Energiespektrums der kosmischen Strahlung im hochenergetischen Bereich von 10^{20} eV und darüber führen muß. Der Grad dieser

Verzerrung hängt dabei in erster Linie von der Laufzeit der Teilchen von ihrer Entstehungsquelle bis zur Erde ab.

Auf der XI. Internationalen Konferenz über kosmische Strahlung (August 1969 in Budapest) wurde über die Registrierung von Teilchen mit Energien bis hin zu $2 \cdot 10^{20}$ eV berichtet. Ein Vergleich experimenteller Daten mit theoretischen Berechnungen zeigt, daß die obere Altersgrenze für kosmische Strahlung nicht einmal 100 Mio. Jahre erreichen dürfte. Nach radioastronomischen Beobachtungen bei einer Wellenlänge von 21 cm ereignete sich die letzte Explosion im Kern unserer Galaxis vor nicht mehr als 10 Mio. Jahren.

Vor ca. 10 Jahren wurden die Pulsare entdeckt — äußerst rätselhafte Objekte mit periodischen Schwankungen von Radiowellenemissionen. Den ersten Pulsar entdeckte 1967 eine Gruppe englischer Radioastronomen unter Leitung von Prof. E. Hewish, der dafür mit dem Nobelpreis geehrt wurde. Die Radioquelle, die die Bezeichnung CP 1919 erhielt, emittierte periodische Impulse mit einer unwahrscheinlich hohen Folgegenauigkeit — ein Impuls pro 1,33730113 Sekunden. Gegenwärtig sind bereits mehr als 50 Pulsare mit Perioden zwischen 0,033 und 3,745 s bekannt. Die strenge Periodizität der Pulsarstrahlung ließ sogar die Hypothese aufkommen, daß es sich hier um Signale außerirdischer hochentwickelter Zivilisationen handele.

Eine sorgfältige Analyse zeigte, daß es sich bei den Pulsaren um schnell rotierende Neutronensterne handelt, deren Existenz schon in den dreißiger Jahren unseres Jahrhunderts theoretisch vorausgesagt worden war. Auf der Grundlage theoretischer Berechnungen wurde der Schluß gezogen, daß in den Pulsaren durch die hohe Rotationsgeschwindigkeit und das Vorhandensein riesiger Magnetfelder eine Teilchenbeschleunigung bis zu Energien von 10^{21} eV möglich ist. Superhochenergetische kosmische Teilchen können also innerhalb unserer Galaxis beschleunigt werden.

Die kosmische Strahlung galaktischen Ursprungs ist

bei weitem nicht die einzige im interplanetaren Raum zu beobachtende Korpuskularstrahlung. Stellen wir uns vor, wir befänden uns an Bord eines Raumschiffes in einigen Millionen Kilometer Entfernung von der Erde. Nehmen wir an, uns gelänge ein Aufenthalt von wenigstens einer Sekunde Dauer, um uns „umsehen“ und die Meßinstrumente ablesen zu können.

Was würden uns die Bordinstrumente des Raumschiffes zeigen? Wir würden feststellen, daß der Kosmos voll von Strahlungen und pulsierenden Prozessen ist. In erster Linie hätten wir es mit Erscheinungen der Sonnenaktivität zu tun. Berechnungen zeigen, daß die Sonne in einer Sekunde etwa $4 \cdot 10^{33}$ erg im optischen Bereich abstrahlt, ungefähr $10^{27}-10^{29}$ erg führt der Sonnenwind ab — ein ununterbrochener Plasmastrom aus der expandierenden Korona. Diese Zahlen beziehen sich auf die ruhige Sonne.

Von Zeit zu Zeit nimmt der Sonnenwind stark zu, die gerichtete Geschwindigkeit und die Teilchenkonzentration wachsen an. Die Zunahme des Sonnenwindes hängt gewöhnlich mit Sonneneruptionen zusammen, die nicht auf der ganzen Oberfläche der Sonne, sondern nur in eng begrenzten Regionen vor sich gehen. Dieser verstärkte Sonnenwird wird auch als solare Korpuskularströme bezeichnet.

In derartigen Eruptionen wird eine große Menge solarer kosmischer Strahlung, vorwiegend Protonen, im Energiebereich von 10^6-10^{10} eV erzeugt. Diese drei Arten der solaren Korpuskularstrahlung — ruhiger Sonnenwind, verstärkter Sonnenwind und solare kosmische Strahlung — spielen die entscheidende Rolle in den dynamischen Prozessen im interplanetaren Raum. Die integralen Spektren der Teilchen, in deren Fluß sich die Erde befindet, sind auf Abb. 3 dargestellt. Man sieht, daß die am weitesten auseinanderliegenden Bereiche von der galaktischen kosmischen Strahlung und vom interplanetaren Plasma, d. h. dem ruhigen und verstärkten Sonnenwind, eingenommen werden, während die kos-

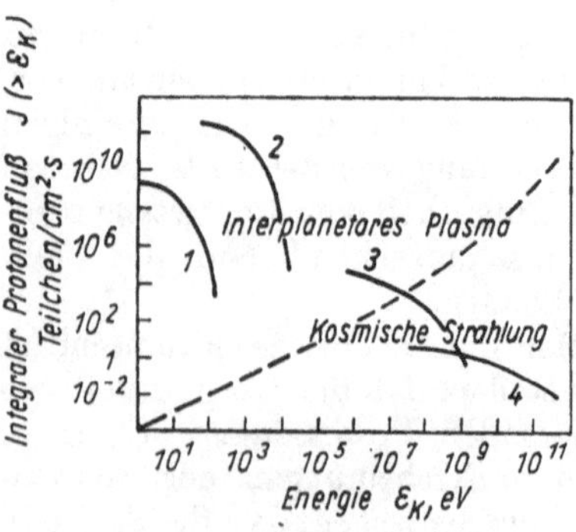

Abb. 3. Integrale Energiespektren im interplanetaren Raum

1 – ruhiger Sonnenwind; 2 – verstärkter Sonnenwind; 3 – solare kosmische Strahlung; 4 – galaktische kosmische Strahlung; 5 – bedingte Grenze zwischen kosmischer Strahlung und interplanetarem Plasma

mische Strahlung solaren Ursprungs eine Mittelstellung einnimmt.

Die Kurve in Abb. 2 beschreibt das gemittelte Spektrum des Teilchenflusses im Sonnensystem. Charakteristisch ist, daß die Ausbreitungsrichtungen der Teilchen mit einer Genauigkeit von 1% isotrop, d. h. gleichmäßig verteilt sind. Lange Zeit war unklar, ob der kosmische Strahlungsfluß zeitlichen Schwankungen unterworfen ist. Heute steht die zeitliche Veränderlichkeit der kosmischen Strahlung außer Zweifel. Um dies festzustellen, war von den Forschern vieler Länder eine umfangreiche Arbeit zu bewältigen, die einen neuen Zweig der Kosmosphysik – die Wissenschaft über die Variationen der kosmischen Strahlung – entstehen ließ.

2. Beobachtungsmethoden

Die kosmische Strahlung galaktischen Ursprungs nimmt hinsichtlich ihrer Energie einen außerordentlich breiten Bereich ein – von 10^8–10^{20} eV. Die minimale und maximale Energie der Teilchen in Erdnähe unterscheidet sich um das Billionenfache! Ein derart großer Unterschied erfordert die Anwendung unterschiedlicher Methoden und Geräte zur Registrierung und Erforschung der Teilchen.

Ehe wir zur Darlegung der Meßverfahren für die kosmische Strahlung kommen, soll ein historisches Mißverständnis in Erinnerung gerufen werden.

Die Physik der kosmischen Strahlung (wie auch jeder andere Wissenschaftszweig) kennt in seiner Geschichte eine Vielzahl unerwarteter Entdeckungen, dramatischer Mißverständnisse, Erfolge und Mißerfolge. Es sei nur der Terminus „kosmische Strahlung" selbst genannt, der ja die unverstandene Natur dieser Strahlung in der Anfangszeit ihrer Erforschung widerspiegelt. Sie wurde ja auch mehr zufällig, nebenbei entdeckt.

Am Beginn des 20. Jahrhunderts beschäftigte die Physiker die Natur der Radioaktivität. Im Zusammenhang damit interessierten sie die Gründe für die stets zu beobachtende langsame Entladung des Elektroskops, eines Gerätes zur Messung der Radioaktivität. Zunächst nahm man an, daß die natürliche Radioaktivität der Gesteine, des Wassers und der Luft die Ursache für die Entladung sei. Aber entgegen den Erwartungen zeigten Messungen in verschiedenen Höhen über der Erdoberfläche (auf Bergen und in der Stratosphäre, daß beginnend bei etwa 1000 m über dem Meeresspiegel die Entladungsgeschwindigkeit des Elektroskops oder, mit anderen Worten, der Ionisationsgrad der Luft, mit zunehmender Höhe langsam stieg. Bei etwa 9000 m lag der Ionisationsgrad etwa um den Faktor 10 höher.

Diese Tatsache wies auf die Existenz einer unbekannten Strahlung hin, die aus den oberen Atmosphärenschichten oder sogar aus dem Kosmos auf die Erdoberfläche gelangt und eine gewaltige Durchdringungskraft im Vergleich zur gewöhnlichen Radioaktivität aufweist. Die neu entdeckte Strahlung wurde anfangs als „Höhenstrahlung" oder „Ultrastrahlung", später dann als „kosmische

Strahlung“ (in Analogie zur Röntgenstrahlung) bezeichnet. Später stellte sich dann heraus, daß die kosmische Strahlung an der Grenze der Atmosphäre aus geladenen Teilchen (im wesentlichen Protonen) besteht und keine elektromagnetische Strahlung darstellt; die Bezeichnung wurde aber bis auf den heutigen Tag beibehalten.

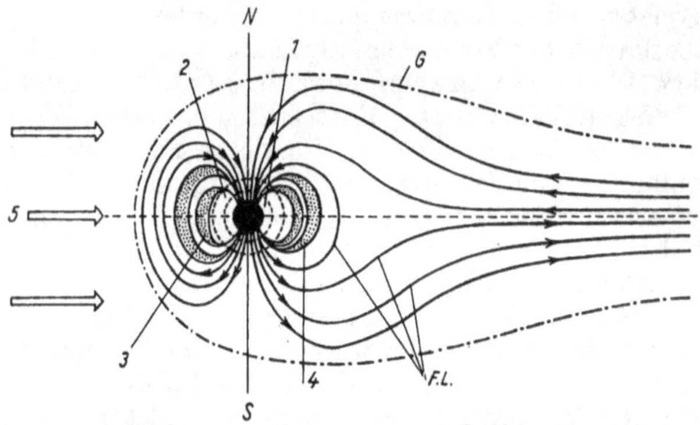

Abb. 4. Vereinfachtes Modell des erdnahen Raums. Bis zu einer Höhe von 70 km ist die Erde von einer neutralen Lufthülle (*1*) umgeben, anschließend erstreckt sich über mehrere Hunderte Kilometer die Ionosphäre (*2*). In einer Höhe von etwa 400 km liegt die innere Grenze des inneren (Protonen-) Strahlungsgürtels (*3*), darüber liegt der äußere (Elektronen-) Gürtel (*4*). Das Magnetfeld ist in großen Entfernungen vom Erdmittelpunkt durch den Sonnenwind (*5*) deformiert und in der Art eines Kometenschweifes langgezogen. (*G* – bedingte Grenze zwischen interplanetarem Plasma und geomagnetischem Feld; *FL* – Feldlinien des Magnetfeldes der Erde)

Wir wissen jetzt recht gut, wie die kosmische Strahlung die Magnetosphäre, die Ionosphäre und die Atmospäre durchläuft (Abb. 4); für die Pioniere der Kosmosphysik barg sie aber viele Überraschungen.

Am Ende der zwanziger Jahre bewegte die Physiker die Frage: Wie groß ist die Intensität der kosmischen Strahlung an der Grenze der Atmosphäre und im interplanetaren Raum (außerhalb des Magnetfeldes der Erde)? Die in den dreißiger — vierziger Jahren mittels Ballonsonden und geophysikalischen Raketen einsetzende Erstürmung großer Höhen brachte einen neuen erstaunlichen Fakt

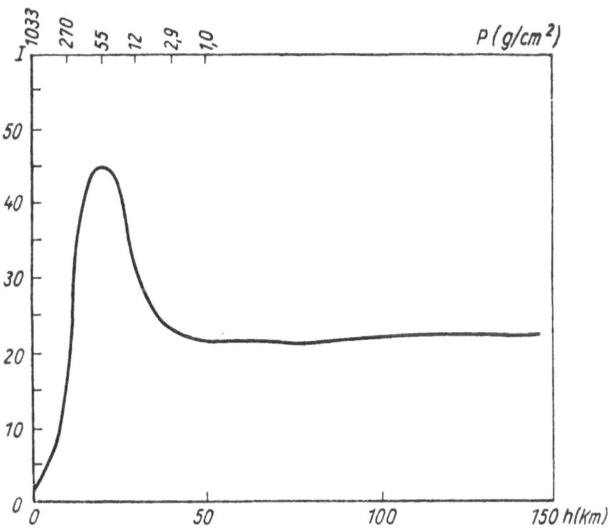

Abb. 5. Höhenabhängigkeit der Gesamtintensität (I) der kosmischen Strahlung in der Erdatmosphäre (Impulszahl eines einzelnen Zählers pro Sekunde). Die Messungen wurden mittels Raketen bis zu einer Höhe von 150 km durchgeführt (jedem Höhenwert in km entspricht ein bestimmter Wert des Restdrucks der Atmosphäre P in g/cm^2). Beim Aufstieg der Rakete nimmt die Intensität zunächst stark zu, erreicht ein Maximum bei ca. 20 km Höhe und nimmt dann gleichmäßig ab. Ab etwa 50 km bleibt der Strahlungsfluß mit zunehmender Höhe annähernd konstant

zutage: Es zeigte sich, daß die Intensität der kosmischen Strahlung bei einer Höhe von etwa 20 km ein Maximum aufweist und in Richtung zur Atmosphärengrenze bis etwa 50 km Höhe wieder auf etwa die Hälfte abnimmt (Abb. 5), um dann bis zu den größten damals für Raketen zugänglichen Höhen von etwa 150 km annähernd konstant zu bleiben.

Aus diesen experimentellen Befunden wurden drei grundlegende Schlußfolgerungen abgeleitet: Erstens — die Erde befindet sich in einem Strom primärer kosmischer Strahlung etwa konstanter Intensität; zweitens — in der Atmosphäre erfolgt eine Teilchenvervielfachung durch Wechselwirkungen der eindringenden Teilchen mit den Atomkernen der Luft; drittens — nach Überschreiten des Intensitätsmaximums werden die Sekundärteilchen (Neutronen, μ-Mesonen, Elektronen usw.) nach einem bestimmten Gesetz durch die Atmosphäre absorbiert.

Außerdem wurde klar, daß die Lufthülle der Erde für die primäre kosmische Strahlung einen praktisch undurchdringlichen „Panzer" darstellt. Es ist üblich, die Dicke der Atmosphäre durch die Masse (in Gramm) der Luft über 1 cm^2 Erdoberfläche auszudrücken. Auf der Höhe des Meeresspiegels beträgt diese Größe etwa 1030 g/cm^2. Um eine Kernspaltung in der Luft hervorzurufen, genügt es, wenn ein Primärteilchen etwa eine Dicke von im Mittel 90 g/cm^2 durchdringt. Es ist völlig offensichtlich, daß praktisch kein Primärteilchen von noch so großer Energie die Meeresspiegelhöhe erreichen kann. Ein auf dieser Höhe aufgestelltes Meßgerät registriert also ausschließlich Sekundärteilchen.

Ausgedehnte atmosphärische Schauer. Der zeitlich annähernd gleichmäßige Hagel der die Atmosphäre bombardierenden Primärteilchen führt zur Bildung eines feinen Sprühregens sekundärer Teilchen auf Meeresspiegelhöhe. Ab und zu treten auf dem Hintergrund dieses „Nieselwetters" heftige Schauer auf. Dies tritt ein, wenn ein Teilchen sehr hoher Energie (über 10^{14} eV) in die Atmosphäre eindringt. Die Erdoberfläche wird dann auf einer Fläche von mehreren Quadratkilometern von einem Teilchenstrom getroffen, der insgesamt viele Milliarden Teilchen enthalten kann. Die räumliche Verteilung eines solchen ausgedehnten atmosphärischen Schauers ist auf Abb. 6 dargestellt.

Die kosmische Strahlung leistete der Kernphysik unschätzbare Dienste. Es soll nur daran erinnert werden,

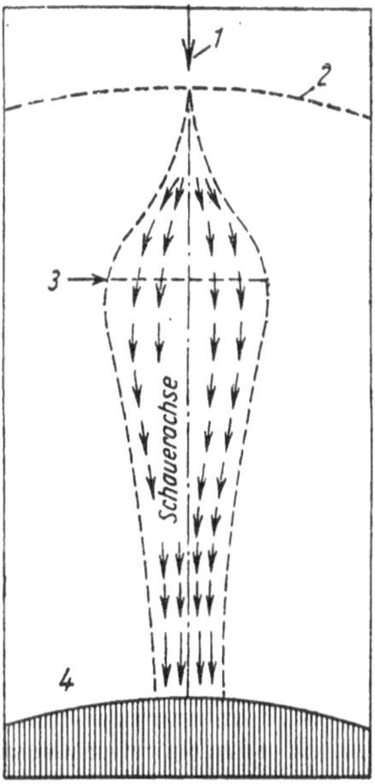

Abb. 6. Räumliches Bild eines ausgedehnten atmosphärischen Schauers kosmischer Sekundärteilchen, in der Erdatmosphäre durch ein einfallendes Primärteilchen sehr hoher Energie erzeugt. Der Schauer entwickelt sich rasch in der Atmosphäre bis zum Erreichen seines maximalen Querschnitts, wonach seine „Dicke" mit zunehmender Annäherung an die Erdoberfläche langsam abnimmt (durch die Absorption der Teilchen in der Luft)

1 – Primärteilchen; *2* – angenommene Grenze der Atmosphäre; *3* – maximaler Querschnitt des Schauers (in Wirklichkeit sind die Ränder verwaschen, das gezeichnete Volumen enthält etwa die Hälfte der Teilchen des Schauers); *4* – Erdoberfläche

daß in dem gigantischen atmosphärischen Laboratorium das Positron, die π- und μ-Mesonen sowie eine Reihe weiterer Elementarteilchen entdeckt wurden. Die Erforschung der kosmischen Strahlung in dieser kernphysikalischen Richtung entwickelt sich auch gegenwärtig erfolgreich weiter. Andererseits ermöglicht die Untersuchung ausgedehnter atmosphärischer Schauer durch Kernphysiker, das Spektrum der primären kosmischen Strahlung im Bereich sehr hoher Energien zu ermitteln. Durch Summierung der Elektronen-Photonen-, Nukleonen- und μ-Mesonenkomponente läßt sich die Gesamtenergie des Schauers und damit die des auslösenden Primärteilchens bestimmen.

Das Energiespektrum der primären kosmischen Strahlung wurde mit Daten aus ausgedehnten atmosphärischen Schauern bis zu Energien von etwa 10^{20} eV verfolgt. Bei derartig hohen Energien werden Teilchen galaktischen Ursprungs bereits nicht mehr von den Magnetfeldern der Galaxis gehalten, während intergalaktische Teilchen aus anderen Gründen „abgeschnitten" werden. Dieses „Abschneiden" des Spektrums der intergalaktischen Strahlung beruht auf der Wechselwirkung mit den Photonen der sogenannten thermischen Reststrahlung, die schon im vorigen Kapitel kurz erwähnt wurde. Diese Untergrundstrahlung ist der erkaltete Rest einer elektromagnetischen Hochtemperaturstrahlung, die den Weltraum in den Anfangsstadien seiner Entwicklung ausfüllte. Analog der kosmischen Strahlung ist die Reststrahlung „allgegenwärtig", und ihre Rolle in astrophysikalischen Prozessen ist kaum zu überschätzen. Es läßt sich insbesondere auch zeigen, daß die kosmische Strahlung auf ihrem Wege durch den Weltraum durch Stöße mit den Reliktphotonen Energie verliert. Die Verluste nehmen mit wachsender Energie der Teilchen zu und werden besonders spürbar bei Energien oberhalb $3 \cdot 10^{19}$ eV. Damit wird das „Abschneiden" des Spektrums bei einer bestimmten Grenzenergie unausbleiblich.

Das integrale Energiespektrum der primären kosmischen Strahlung läßt sich durch eine einfache Formel der Form $I(> \varepsilon_k) = I_0 \varepsilon_k^{-\gamma}$ beschreiben, wobei I_0 eine Konstante ist und γ sich in Abhängigkeit vom betrachteten Energieintervall ändert (Abb. 7). Noch vor kurzem nahm man an, daß das steile ($\gamma = 2$) Gebiet des Spektrums bis hin zu Energien von 10^{17}—10^{18} eV reicht und dann bei den höchsten Energien das Spektrum wieder flach wird — etwa so, wie es bei Energien kleiner als 10^{15} eV (d. h., $\gamma = 1{,}7$) der Fall ist. Dieser flache Teil wurde der intergalaktischen Komponente der kosmischen Strahlung zugeschrieben. Volle Klarheit wurde aber in diesem sehr schwer zu untersuchenden Energiebereich

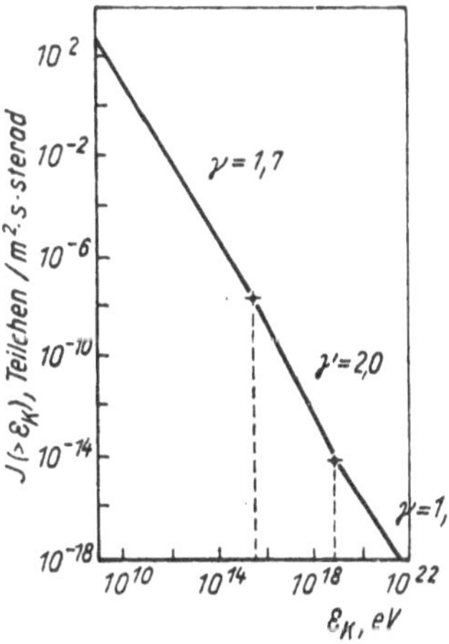

Abb. 7. Integrales Energiespektrum der primären kosmischen Strahlung, ermittelt aus Messungen an ausgedehnten atmosphärischen Schauern. Der Exponent des Spektrums ist $\gamma = 1{,}7$ bis zu Energien $\sim 3 \cdot 10^{15}$ eV, weiter $\gamma = 2{,}0$ bis zu Energien $\sim 3 \cdot 10^{18}$ eV, dann wieder $\gamma = 1{,}7$ bis hin zu extrem hohen Energien

noch nicht erreicht. In den letzten Jahren erhaltene experimentelle Hinweise auf eine Anisotropie des Teilchenflusses bei Energien oberhalb 10^{19} eV lassen darauf schließen, daß selbst bei diesen hohen Energien noch innergalaktische Quellen kosmischer Strahlung aktiv sind.

Ausgedehnte atmosphärische Schauer werden zur Untersuchung des Spektrums der primären kosmischen Strahlung bei Energien oberhalb 10^{14}—10^{15} eV genutzt.

Der Energiebereich 10^{6}—10^{14} eV bleibt immer noch sehr breit und läßt sich nicht mit irgendeiner einheitlichen

Methode untersuchen. In diesem Bereich werden die verschiedensten Verfahren angewendet: Messungen mit Zählern auf und unter der Erdoberfläche, Messungen in der Stratosphäre (Ballonsonden und geophysikalische Raketen), indirekte Methoden über die Ionosphäre (über die auf kosmische Strahlung zurückzuführende zusätzliche Ionisierung), Messungen unmittelbar im interplanetaren Raum (Sputniks, automatische interplanetare Stationen, Methode des Ionisationskalorimeters).

Jede der genannten Methoden ist nur in einem bestimmten, relativ engen Energieintervall besonders effektiv, so daß sie sich insgesamt gegenseitig ergänzen. Am sichersten ist wohl der keinen Schwankungen unterworfene Bereich von $10^{10}-10^{15}$ eV untersucht, für den die Ergebnisse zugrunde gelegt werden können, die N. L. GRIGOROW u. a. mittels Sputniks der Proton-Serie erhielten.

Diese Vielfältigkeit der Methoden bei der Untersuchung der kosmischen Strahlung ist nicht nur durch den großen Energiebereich bestimmt. Es zeigte sich nämlich, daß der Strahlungsfluß zeitlich veränderlich ist (insbesondere bei Energien unterhalb 10^{10} eV), wobei Größe und Ursache dieser Schwankungen bei verschiedenen Energien unterschiedlich sind. Leider blieb diese — für die Astrophysik außerordentlich wichtige — dynamische Seite der kosmischen Strahlung lange Zeit unbeachtet. Das erklärt sich durch das fehlende Verständnis der tatsächlichen Natur der kosmischen Strahlung in der Anfangszeit ihrer Erforschung, durch die „Massenbegeisterung“ für die Kernphysik in den zwanziger bis vierziger Jahren und dadurch, daß zu dieser Zeit systematische kontinuierliche Messungen der Intensität an der Erdoberfläche nicht durchgeführt wurden.

Weltweites Netz von Stationen für ununterbrochene Beobachtungen von der Erde aus. Die laufende Beobachtung der kosmischen Strahlung an der Erdoberfläche wurde in den dreißiger Jahren begonnen. Als erstes dafür geeignetes Gerät erwies sich eine von A. COMPTON konstruierte Ionisationskammer, die 1949 von einer Gruppe sowjetischer Physiker unter Leitung von JU. G. SCHAFER verbessert wurde.

Als Ionisationskammer kann eine mit sorgfältig gereinigtem Argon von 10 atm Druck gefüllte Stahlkugel verwendet werden. In diesem Gas ist die durch ein eingedrungenes hochenergetisches geladenes Teilchen längs 1 cm Weg verursachte Ionisation etwa um den Faktor 16 höher als in Luft unter Normalbedingungen. Die im Arbeitsvolumen der Kammer durch die kosmische Strahlung hervorgerufene Ionisation wird mit einem empfindlichen Elektrometer gemessen und auf Fotopapier aufgezeichnet.

Zum Schutz gegen lokale Radioaktivität und zur Abtrennung des niederenergetischen Teils der kosmischen Strahlung ist die Kammer mit einer 17,3 cm dicken Schicht von Bleischrot umgeben, was einer massiven Bleiabschirmung von 10,7 cm Dicke entspricht. Das Bleischrot füllt den Zwischenraum zwischen der inneren und einer äußeren Stahlhülle aus; unter Berücksichtigung dieser Hüllen entspricht die Abschirmung etwa einer 12 cm starken Bleischicht. Dank dieser Abschirmung ist die Kammer vom Typ ASK-1 bei Aufstellung in Meeresspiegelhöhe besonders empfindlich für primäre kosmische Teilchen mit einer Energie von etwa 46 GeV ($46 \cdot 10^9$ eV). Die Kammer wird zur kontinuierlichen Registrierung der μ-Mesonen- oder sog. harten Komponente der kosmischen Strahlung eingesetzt.

Anfang der fünfziger Jahre wurden andere Gerätearten für kontinuierliche Beobachtungen von der Erde aus entwickelt — der Neutronenmonitor und das Mesonenzählrohrteleskop. Ihre Bezeichnung weist darauf hin, daß sie nur bestimmte Arten sekundärer Teilchen (Neutronen oder μ-Mesonen) erfassen.

In Abb. 8 ist das Prinzipschema eines Zählrohrteleskops dargestellt.

Nach dem Koinzidenzprinzip wird ein geladenes Teilchen nur dann registriert, wenn es durch die Zählrohre beider Ebenen hindurchtritt. Zur Abtrennung niederenergetischer Teilchen wird zwischen die Zählrohrebenen eine Bleischicht eingebracht. Zur Registrierung von μ-Mesonen an der Erdoberfläche werden Teleskope kubischer Geometrie, zu unterirdischen Messungen sogenannte halbkubische Teleskope eingesetzt.

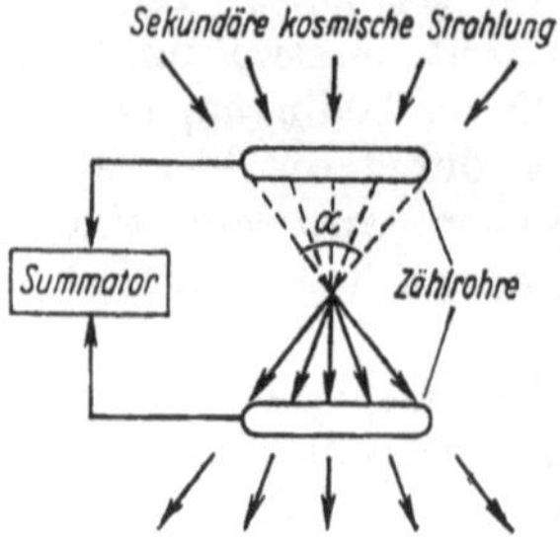

Abb. 8. Schematische Darstellung eines Zählrohrteleskops zur Registrierung geladener Teilchen. Zwei Gasentladungszählrohre sind so miteinander verbunden, daß durch das Koinzidenzzählwerk (Summator) nur für solche Teilchen eine Information eingespeichert wird, die innerhalb eines bestimmten Winkels α einfallen.

Im kubischen Standardteleskop, wie es in der UdSSR von Ja. L. Bloch entwickelt wurde, werden die untere und die obere Begrenzungsfläche eines Würfels von 55 cm Kantenlänge durch Reihen von Zählrohren gebildet. Zur Unterdrückung zufälliger Koinzidenzen besteht das Teleskop aus 3 Reihen von Zählrohren. In der Möglichkeit, die Abhängigkeit der Intensität der kosmischen Strahlung von der Einfallsrichtung untersuchen zu können, besteht einer der wesentlichen Vorteile des Zählrohrteleskops im Vergleich zu Ionisationskammern.

Die Neutronenkomponente der kosmischen Strahlung läßt sich mit gasgefüllten Zählrohren erfassen, deren Bortrifluoridfüllung BF_3 mit dem Isotop ^{10}B angereichert ist. Durch Wechselwirkung der ^{10}B-Kerne mit Neutronen entstehen zwei „Bruchstücke" — ein Heliumkern ^4He (α-Teilchen) und ein Lithiumkern ^7Li. Die beiden Teilchen fliegen in entgegengesetzten Richtungen auseinander und ionisieren dabei das Gas des Zählrohrs. Die Effektivität der Neutronenzählung wird durch die Wahrscheinlichkeit des Neutroneneinfangs durch die Borkerne bestimmt. Diese Wahrscheinlichkeit ist in einem breiten Energiebereich der Geschwindigkeit der Neutronen umgekehrt proportional und erreicht für langsame (thermische) Neutronen einen Maximalwert. Da es sich bei den atmosphärischen Neutronen um schnelle Teilchen handelt, ist ihre Registrierung durch Bortrifluoridzählrohre nicht sehr effektiv, was sich negativ auf die statistische Beobachtungsgenauigkeit auswirkt.

Die Konstrukteure einer Anlage zur kontinuierlichen Registrierung der Neutronenkomponente, eine Gruppe amerikanischer Physiker unter Leitung von J. Simpson, wurden mit einer weiteren prinzipiellen Schwierigkeit konfrontiert. Die Neutronenintensität nimmt mit der Tiefe der Atmosphäre relativ schnell (exponentiell) ab, und in tieferen Atmosphärenschichten (in Meereshöhe oder auf Gebirgsniveau) ist der Neutronenfluß tatsächlich sehr gering. Dadurch vergrößern sich die statistischen Beobachtungsfehler erheblich.

Um diese Schwierigkeiten zu überwinden, mußte ein spezielles Verfahren der lokalen Neutronenerzeugung im Zähler selbst — im Neutronenmonitor — angewendet werden. Das Prinzip des Verfahrens besteht in folgendem: Die aus der Atmosphäre auftreffenden Neutronen rufen eine Kernspaltung in einer Bleischicht hervor, die das Zählrohr umgibt, in deren Ergebnis pro Neutron zwischen 1 und 10 Sekundärneutronen freigesetzt werden. Da diese auch noch relativ schnell sind, müssen sie bis auf thermische Geschwindigkeiten abgebremst werden. Im Standardmonitor vom Typ IGJ („Internationales Geophysikalisches Jahr“) wird Paraffin als Moderator verwendet.

Monitore vom Typ IGJ sind am empfindlichsten gegenüber Primärneutronen mit einer Energie von etwa $7 \cdot 10^9$ eV. Mesonen-Zählrohrteleskope nehmen hinsichtlich des Bereichs ihrer maximalen Empfindlichkeit eine Mittelstellung zwischen Ionisationskammer und Neutronenmonitor ein.

Bis Mitte der sechziger Jahre war der Neutronenmonitor IGJ das einzige Standardgerät zur kontinuierlichen Registrierung der Neutronenkomponente. Seit

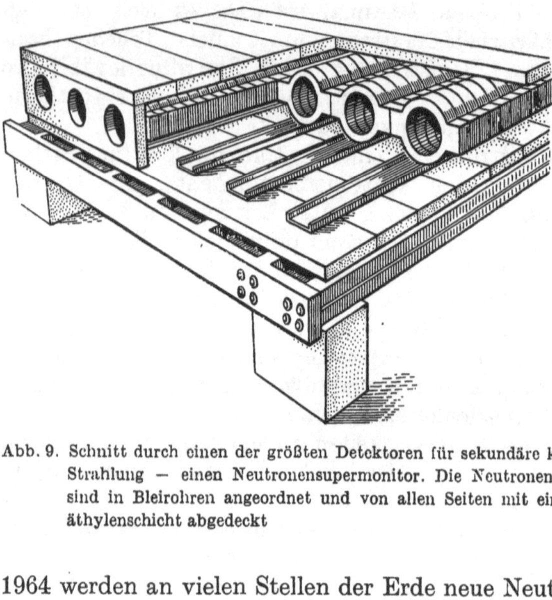

Abb. 9. Schnitt durch einen der größten Detektoren für sekundäre kosmische Strahlung – einen Neutronensupermonitor. Die Neutronenzählrohre sind in Bleirohren angeordnet und von allen Seiten mit einer Polyäthylenschicht abgedeckt

1964 werden an vielen Stellen der Erde neue Neutronendetektoren eingesetzt — Supermonitore vom Typ NM-64. Sie zeichnen sich im Vergleich mit dem Monitor IGJ durch größere Fläche und höhere Empfindlichkeit aus. In Abb. 9 ist das äußere Bild eines Supermonitors dargestellt. Die Beobachtung der Intensitäten der verschiedenen Komponenten am gleichen Ort gestattet definiertere Aussagen über das Energiespektrum der in die Atmosphäre eindringenden Teilchen.

Die beschriebenen Geräte sind schwer, groß und deshalb nur zum stationären Einsatz (in Meereshöhe oder auf

Bergen) geeignet. Leichter ausgeführte Varianten können auch in Flugzeugen oder auf Schiffen montiert werden, um die Abhängigkeit der kosmischen Strahlung von der Breite des Beobachtungsortes untersuchen zu können. Derartige Untersuchungen werden in mehreren Ländern, darunter auch in der Sowjetunion durchgeführt. So arbeitet zum Beispiel auf dem Forschungsschiff „Akademik Kurtschatow" der Akademie der Wissenschaften der UdSSR schon seit über 10 Jahren eine Beobachtungsstation für kosmische Strahlung. Die Station besteht aus einem Neutronen-Supermonitor und einem μ-Mesonen-Teleskop in „Meeresausführung".

Gegenwärtig beobachten mehr als 100 über den ganzen Erdball verteilte, mit Standardgeräten ausgerüstete Stationen Tag und Nacht die kosmische Strahlung (Abb. 10). Der besonderen Aufmerksamkeit der Forscher erfreuen sich die Polargebiete — die Arktis und die Antarktis. In der Antarktis arbeiten unter anderen seit vielen Jahren auch zwei sowjetische Beobachtungsstationen für kosmische Strahlung — Mirnyi und Wostok (letztere wird gemeinsam von Wissenschaftlern der UdSSR und der ČSSR betrieben).

Auf dem Territorium der UdSSR wurde in den fünfziger Jahren ein Netz von Beobachtungsstationen durch eine große Gruppe von Spezialisten unter Leitung von Akademiemitglied S. N. Vernov aufgebaut. In den letzten Jahren wurde es wesentlich erweitert und mit modernen Geräten ausgestattet.

Mit den Beobachtungen von der Erdoberfläche aus ist die Entstehung und Entwicklung der Wissenschaft über die Variationen der kosmischen Strahlung eng verbunden. Deshalb ist es angebracht, an dieser Stelle auf die wesentlichen Etappen der Erforschung dieser Schwankungen einzugehen.

Wie schon gesagt wurde, interessierte die Wissenschaftler in den Anfangszeiten der Physik der kosmischen Strahlung in erster Linie deren Herkunft. Im weiteren zogen Fragen der Wechselwirkung der Strahlung mit

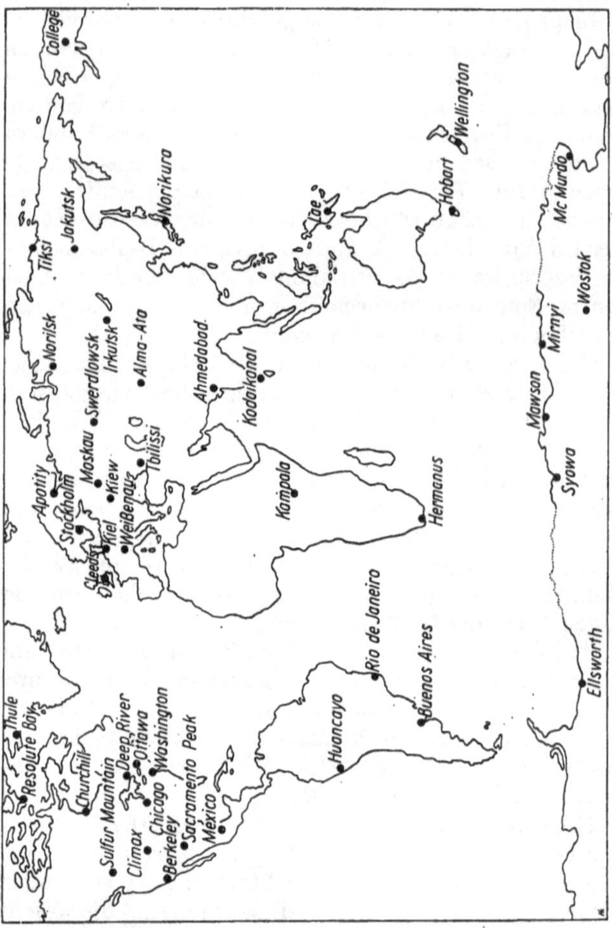

Abb. 10. Weltnetz der Stationen zur kontinuierlichen Registrierung der kosmischen Strahlung (es sind nur die wichtigsten Stationen angegeben)

Materie sowie der Natur der Strahlung sowohl hinsichtlich des Primärflusses als auch der verschiedenen sekundären Komponenten die Aufmerksamkeit auf sich. Erst in den letzten zwei Jahrzehnten nahm infolge der erheblichen Fortschritte bei der Aufklärung der Natur der kosmischen Strahlung und ihrer Wechselwirkung mit Materie das Interesse am astrophysikalischen Aspekt — an der Herkunft und den Variationen der kosmischen Strahlung — sprunghaft zu. Dementsprechend kann man die Geschichte der Erforschung der Variationen in vier Perioden einteilen.

Die erste Periode (1926—1934) ist mit der Entdeckung der Variationen und der Suche nach den Quellen der kosmischen Strahlung verbunden. In dieser Zeit trugen die Messungen großenteils episodischen Charakter. Viele Meßergebnisse widersprachen sich gegenseitig und waren wegen der kleinen effektiven Fläche der damals benutzten Meßgeräte mit großen statistischen Fehlern behaftet. Ein wichtiges Ergebnis dieser Periode war die Entdeckung einer Korrelation zwischen der Intensität der kosmischen Strahlung und dem Luftdruck am Ort der Messung (auf Meereshöhe), die als barometrischer Effekt bezeichnet wurde.

Die zweite Periode (1935—1950) ist durch die verstärkte Erforschung der Variationen der harten Strahlungskomponente charakterisiert. An einigen Stellen der Erde wurde eine genaue kontinuierliche Registrierung dieser Komponente mit Ionisationskammern begonnen, die von A. Compton und Mitarbeitern speziell für diesen Zweck konstruiert wurden. Es wurde ein reiches Beobachtungsmaterial über die Schwankungen der μ-Mesonen-Komponente zusammengetragen. Die Interpretation dieses Materials stieß allerdings auf große Schwierigkeiten wegen der Instabilität der μ-Mesonen und des Einflusses meteorologischer Faktoren.

Die Methodik zur richtigen Berücksichtigung der meteorologischen Bedingungen in Bezug auf die Variationen der harten Komponente wurde in der dritten Periode (1951—1956) erarbeitet. Gleichzeitig wurde die Registrierung der anderen Komponenten (hauptsächlich der Neutronen) begonnen. Aus Daten über die Schwankungen der verschiedenen sekundären Komponenten wurden wichtige Informationen über das energetische Spektrum der primären Variationen und die Natur ihrer Quellen erhalten. In dieser Zeit begann auch auf breiter Front die Vorbereitung des Internationalen Geophysikalischen Jahres (IGJ), eines großartigen wissenschaftlichen Unternehmens, das Dutzende von Staaten und Tausende von Wissenschaftlern auf den Gebieten der Geophysik, der Astrophysik und der Physik der kosmischen Strahlung vereinigte.

Dem Beginn des IGJ im Juni 1957 kann man den Beginn einer neuen, der vierten, Periode in der Erforschung der Variationen der kosmischen Strahlung gleichsetzen. Sie unterscheidet sich von den vorangegangenen durch zwei wichtige Umstände. Erstens wurden die Beobachtungen von der Erdoberfläche aus durch Einbeziehung aller Stationen nach einem abgestimmten Programm komplex und unter Verwendung von Standardgeräten durchgeführt. Zweitens begann dank des Starts der ersten Sputniks die Untersuchung der Variationen unmittelbar im Weltraum.

Das Forschungsprogramm des IGJ 1957/58 war auf die Periode der maximalen Sonnenaktivität ausgerichtet. Den Wissenschaftlern der verschiedenen Fachrichtungen stand die Klärung einer Reihe von Fragen über den Einfluß der Sonne auf die Erde oder, wie es üblicherweise genannt wird, über die solarterrestischen Beziehungen, bevor. Dieser Einfluß ist sehr vielfältig, weshalb zur Realisierung des IGJ-Programms der internationale Sonnendienst, der Ionosphärendienst und der Dienst für die Variationen des geomagnetischen Feldes, der Dienst der kosmischen Radiostrahlung, der Wetterdienst und schließlich der erst kurz vor Beginn des IGJ gebildete Dienst der kosmischen Strahlung (internationales Netz von Beobachtungsstationen) herangezogen wurden.

Die Schaffung eines weltweiten Netzes erhöhte ent scheidend Tempo und wissenschaftliches Niveau der Erforschung der Variationen der kosmischen Strahlun

Ein großer Teil der Ergebnisse, auf die im weiteren eingegangen wird, wurde während des IGJ und in den darauffolgenden Jahren erhalten. Die Zusammenarbeit der Wissenschaftler vieler Länder im Rahmen des IGJ erwies sich als sehr fruchtbar und wurde 1959 nach dem Programm des Internationalen Jahres der Geophysikalischen Zusammenarbeit fortgesetzt. Später folgte dann das Internationale Jahr der Ruhigen Sonne, das der Periode der minimalen Sonnenaktivität 1964/65 entsprach.

Im Jahre 1976 begann ein neues internationales dreijähriges Projekt unter der Bezeichnung „Internationale Magnetosphären-Studie" (IMS). Die Wissenschaftler der sozialistischen Länder arbeiten schon seit mehr als 10 Jahren erfolgreich im Rahmen der Programme Interkosmos und KAPG (Kommission der Akademien der Wissenschaften der sozialistischen Länder für Planetare Geophysik). Also hat die Erforschung der kosmophysikalischen Erscheinungen nach internationalen Programmen eine gute Tradition. In all diesen Programmen ist die Untersuchung der Variationen der kosmischen Strahlung ein wichtiger Punkt.

Messungen in der Stratosphäre. Wertvolle Informationen über die kosmische Strahlung liefern Messungen in der Stratosphäre. Sie werden mit relativ einfachen Mitteln durchgeführt — mit einzelnen Zählrohren, Zählrohrteleskopen und manchmal auch mit Kernemulsionsplatten. Die Geräte werden mit Ballonsonden (Abb. 11) in eine Höhe von 35—40 km gebracht, wo sie mehrere Stunden driften können. Kurzzeitigere Messungen werden mittels geophysikalischer Raketen durchgeführt, mit denen Höhen von einigen Dutzend bis zu Hunderten von Kilometern erreicht werden können.

In der UdSSR werden regelmäßige Stratosphärenmessungen seit 1957 unter Leitung von A. N. Tscharachtschjan vorgenommen. Begonnen wurde auf den geomagnetischen Breiten 64° (Murmansk) und 51° (Moskau), im April 1958 kam die Breite 41° (Krim) dazu.

Ballonsonden werden außerdem vom Observatorium Mirny (Antarktis) und an weiteren Orten aufgelassen. Die Stratosphärenmessungen liefern sehr wertvolle Informationen über die primäre kosmische Strahlung im

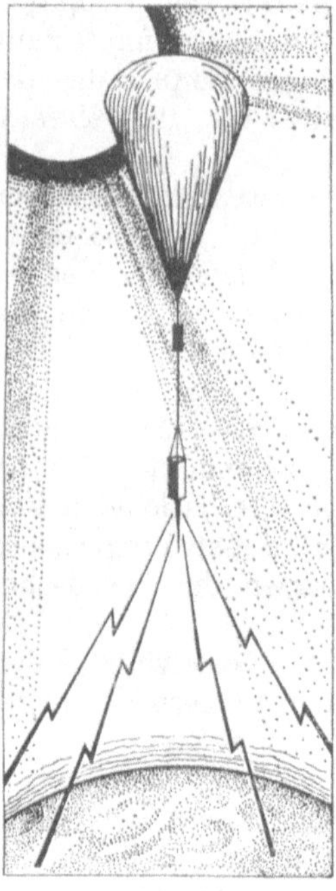

Abb. 11. Ballonsonde mit Apparatur zur Messung der kosmischen Strahlung während des Flugs in der Stratosphäre. Die Messungen werden im Verlaufe vieler Stunden in Höhen bis zu 35 – 40 km vorgenommen

Bereich des Maximums ihres differentiellen Energiespektrums.

Kosmische Strahlung und Funkwellenausbreitung in der Ionosphäre. In den letzten Jahren wird die Einwirkung der kosmischen Strahlung auf die untere Ionosphäre und die Bildung einer „kosmischen Ionisationsschicht“ recht intensiv untersucht. Wegen des geringen Effektes, den die kosmische Strahlung galaktischen Ursprungs in der Ionosphäre hervorruft, ist ihr experimenteller Nachweis (z. B. mittels Radiowellen) neben den starken, durch Wellenstrahlung (UV- und Röntgenstrahlung der Sonne) bedingten Effekten schwierig. Bekannt ist aber, daß diese Wellenstrahlung in der Höhe der durch die kosmische Strahlung hervorgerufenen Ionisationsschicht (ca. 65 km) schon erheblich geschwächt ist. Andererseits werden überlange und lange Radiowellen gerade in diesem Höhenbereich reflektiert.

Theoretische Berechnungen zeigen, daß unterhalb von 65 km der Einfluß der Wellenstrahlung der Sonne vernachlässigt werden kann, und der Hauptbeitrag zur Ionisation von der kosmischen Strahlung geleistet wird. Bei Untersuchungen der nächtlichen Ionosphäre oder während Sonnenfinsternissen usw. kann die solare Wellenstrahlung ebenfalls vernachlässigt werden. Aus Daten über die Ausbreitung langer Radiowellen kann deshalb auf den Einfluß der kosmischen Strahlung auf die Ionosphäre geschlossen werden. So gestattete z. B. die Untersuchung des Verhaltens der sogenannten D-Region der Ionosphäre bei „FORBUSH-Effekten“[1]) durch Langwellenmessungen bei flachem Einfall festzustellen, daß die Radiowellenabsorption gut mit der Intensität der kosmischen Strahlung korreliert ist. Im Ergebnis eingehender Beobachtungen ließ sich auch eine elfjährige Periodizität der Funkwellenabsorption nachweisen, die auch mit dem elfjährigen Zyklus der kosmischen Strahlung übereinstimmt.

Anomale Ionisation in der unteren Ionosphäre und solare kosmische Strahlung. Das starke Anwachsen der solaren ultravioletten Strahlung bei Sonneneruptionen führt zu einem sprunghaften Anstieg des Ionisationsgrades in der Ionosphäre auf der von der Sonne be-

---

[1]) Eine detailliertere Beschreibung des FORBUSH-Effekts folgt später.

schienenen Erdseite. Dadurch werden die Kurzwellenverbindungen empfindlich gestört oder sogar ganz unterbrochen. Während der bekannten Sonneneruption am 23. Februar 1956 wurde aber noch eine weitere Ursache der erhöhten Ionisation in der Ionosphäre einschließlich dem der Sonne abgewandten Teil entdeckt. Beispielsweise wurde auch eine starke Absorption der Radiostrahlung der diskreten Quelle Jungfrau-A bei einer Frequenz von 22,2 MHz beobachtet. Die Intensität dieser Radiostrahlung fiel am 23. Februar zwischen 4.20 Uhr und 5.30 Uhr Weltzeit auf weniger als ein Zehntel des in der vorangegangenen Nacht gemessenen Wertes ab. Die Kurven der Radiostrahlungsabsorption und der Intensität der kosmischen Strahlung zeigten in dieser Periode einen ähnlichen Verlauf.

Eine detaillierte Analyse der anomalen Ionisation der Erdatmosphäre am 23. Februar 1956 zeigte, daß es zwei Typen einer exzessiven Ionisierung der unteren Ionosphäre (im Höhenbereich von 30—110 km) gibt. Der erste, „frühe“ Typ hängt unmittelbar mit der schnellen Intensitätszunahme der solaren kosmischen Strahlung zusammen und wurde auf der unbeleuchteten Erdseite in großen wie auch geringen Höhen beobachtet. Der zweite, „späte“ Typ der anomalen Ionisation setzte langsam ein, erreichte sein Maximum erst einige Stunden nach der Sonneneruption und hielt mehrere Tage lang an. Dieser Typ der Ionisation zeichnete sich durch hohe Isotropie aus, war aber nur in geomagnetischen Breiten über 70° (in den Polarkappen) zu beobachten.

Zur Untersuchung des beschriebenen Effektes der Polarkappenabsorption (PCA-Effekt) wurde in den USA 1958 eine spezielle Apparatur zur kontinuierlichen Registrierung der kosmischen Radiostrahlung auf der Frequenz 27,6 MHz — ein sogenanntes Riometer — entwickelt. Heute werden Riometermessungen auch auf anderen geeigneten Frequenzen durchgeführt.

Der Einsatz von Riometern in den USA, der UdSSR, in Schweden, Kanada und einigen anderen Ländern erwies die hohe Effektivität dieser Methode zur komplexen Untersuchung sowohl der Eigenschaften der Ionosphäre als auch des Energiespektrums der solaren kosmischen Strahlung. Ein wichtiger Fakt wurde festgestellt: der PCA-Effekt reagiert besonders empfindlich auf solare Protonen mit relativ geringer Energie von 1—50 MeV. Diese Protonen werden durch das Erdmagnetfeld stark abgelenkt und gelangen deshalb nur in die Polargebiete der Erde. Außerdem sind sie selbst in Polnähe nicht in der Lage, weiter als bis zu einer Höhe von 90—50 km einzudringen, so daß in vielen Fällen Riometermessungen die einzigen Informationsquellen über den niederenergetischen Bereich im Spektrum der solaren kosmischen Strahlung sind.

In Einzelfällen konnten diese Protonen auch direkt registriert werden (in Sputniks, Raketen, mit Ballons). Bei einem dieser Experimente fanden amerikanische Wissenschaftler einen empirischen Zusammenhang zwischen der Intensität der solaren Protonen (nach Messungen des Sputniks Alouette auf Polbahn während der Eruption am 21. September 1963) und der PCA-Amplitude: $I = 2 \cdot 10^7 A^2$, wobei I die Protonenintensität ($m^{-2}\ s^{-1}\ sterad^{-1}$) für die Energien 1,3—7 MeV und A die Absorptionsamplitude in Dezibel für ein bei 30 MHz arbeitendes Riometer ist.

Neben Riometermessungen gibt es eine Reihe anderer Ionosphärenmethoden zur indirekten Untersuchung der solaren kosmischen Strahlung. Die komplexe Erforschung der Ionosphäreneffekte „von zwei Seiten aus" durch Spezialisten für die Ionosphäre und für kosmische Strahlung erweist sich als sehr fruchtbar für das Verständnis der Ionosphärenphysik (Abhängigkeit der Ionisation vom Spektrum der solaren Teilchen, ihrer nuklearen Zusammensetzung usw.) als auch für die Aufklärung der Besonderheiten der solaren kosmischen Strahlung (Spektrum und Intensität bei geringen Energien, nukleare Zusammensetzung, Besonderheiten ihrer Ausbreitung usw.).

Direkte Messung der kosmischen Strahlung im interplanetaren Raum. Prinzipiell neue Möglichkeiten in der Erforschung der kosmischen Strahlung eröffnet der Einsatz von Sputniks und automatischen Raumstationen. Sie gestatten, die Meßapparatur über die Grenzen der Atmosphäre und Magnetosphäre der Erde hinauszutragen und somit die kosmische Strahlung bis hin zu kleinsten Energien unmittelbar im interplanetaren Raum zu beobachten (Abb. 12). Zwar wird die Situation bei Energien unter 100 MeV wegen der starken Emission niederenergetischer Teilchen bei Sonneneruptionen äußerst kompliziert, aber diese Schwierigkeiten sind nicht methodischer Art, sondern liegen in der komplizierten Natur der interplanetaren Materie und den Besonderheiten sich darin bewegender geladener Teilchen begründet (im weiteren wird darauf noch ausführlicher eingegangen).

Radiochemische Methode. In letzter Zeit fand die radiochemische Methode zur Untersuchung der kosmischen Strahlung weite Verbreitung. Sie beruht auf der Untersuchung von Isotopen, die sich durch die Bombardierung mit kosmischer Strahlung in der Außenhülle von Sputniks, in Meteoriten, in Mondgesteinsproben usw. gebildet haben. Es versteht sich, daß dazu der Sputnik oder das Mondgestein rückgeführt und in Laboratorien gebracht werden müssen, wo sie radiochemisch untersucht werden können.

Bei dem Flug eines Sputniks über die Magnetosphäre der Erde hinaus dient er als gutes Target für die kosmische Strahlung sowohl solaren als auch galaktischen Ursprungs.

→

Abb. 12. Ausbruch solarer kosmischer Strahlung am 28. September 1961, gemessen mit den Geräten des amerikanischen Sputniks „Explorer-12“, dessen Bahn über die Magnetosphäre der Erde hinausreichte. Es war dies der erste Fall einer Registrierung kosmischer Teilchen mit einer Energie bis zu 2,2 MeV unmittelbar im interplanetaren Raum. Vertikal: I – differentielle Protonenintensität pro m^2, s, ster und MeV; t – Zeit in Stunden, gerechnet ab 22 h 8 min Weltzeit am 28. September 1961

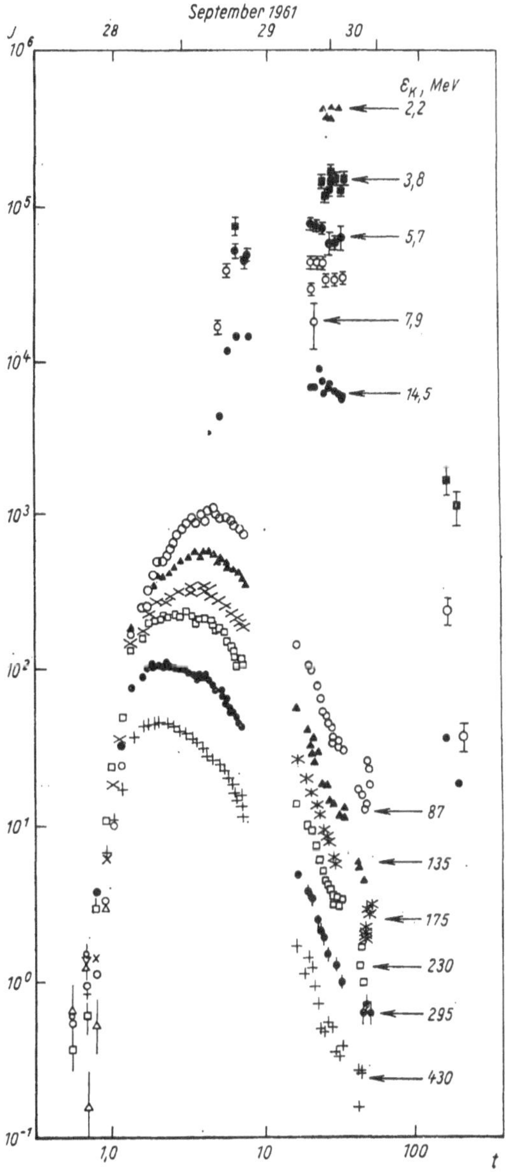
September 1961
28
29
30
J
10^6
10^5
10^4
10^3
10^2
10^1
10^0
10^{-1}
ε_K, MeV
2,2
3,8
5,7
7,9
14,5
87
135
175
230
295
430
1,0
10
100
t

Als Target können aber besser mitgeführte Proben von Gesteinen, Metallen usw. dienen, deren Zusammensetzung und Eigenschaften gut bekannt sind (offensichtlich ist die aus komplizierten metallischen Legierungen gefertigte Außenhülle von Sputniks vielfach kein ideales Target).

Die durch solare und galaktische Partikel gebildeten Isotope lassen sich dank ihrer unterschiedlichen Energiespektren auseinanderhalten. Die solare kosmische Strahlung ist reicher an Partikeln geringer Energie und dringt deshalb nur auf geringe Tiefen in das Target ein. Dabei verlieren die Teilchen ihre Energie hauptsächlich durch Ionisation der Targetatome und nicht durch die Bildung von Isotopen.

Dagegen verbrauchen die Partikel galaktischen Ursprungs ihre Energie größtenteils durch Kernreaktionen, und zwar in tiefen Schichten des Targets. Somit ergeben sich für solare und galaktische kosmische Strahlung unterschiedliche Abhängigkeiten der gebildeten Isotopenmenge von der Eindringtiefe. Durch radiochemische Analyse der Isotopenkonzentrationen in den einzelnen Targetschichten lassen sich gewissermaßen die Isotope solaren und galaktischen „Ursprungs" voneinander trennen.

Kernspurmethode. Zur Eisengruppe gehörende schwere Kerne der kosmischen Strahlung (Ladungen zwischen 25 und 30) hinterlassen bei ihrer Abbremsung in der Materie von Meteoriten oder im Mondgestein Spuren in Form mikroskopischer Defekte des Kristallgitters. Wenn man die Oberfläche eines solchen Kristalls (dazu gehören Silikatmineralien wie Olivin, Quarz, Pyroxen, Flußspat u. a.) mit speziellen Reagentien chemisch anätzt, lassen sich diese Spuren soweit entwickeln, daß sie im gewöhnlichen optischen Mikroskop sichtbar werden (Abb. 13).

Die Mineralien registrieren Kerne einer Ladung, die eine für jedes Mineral charakteristische kritische Ladung Z_{kr} übersteigt. Der wesentlichste Vorteil dieser Methode besteht deshalb im Fehlen eines durch leichtere

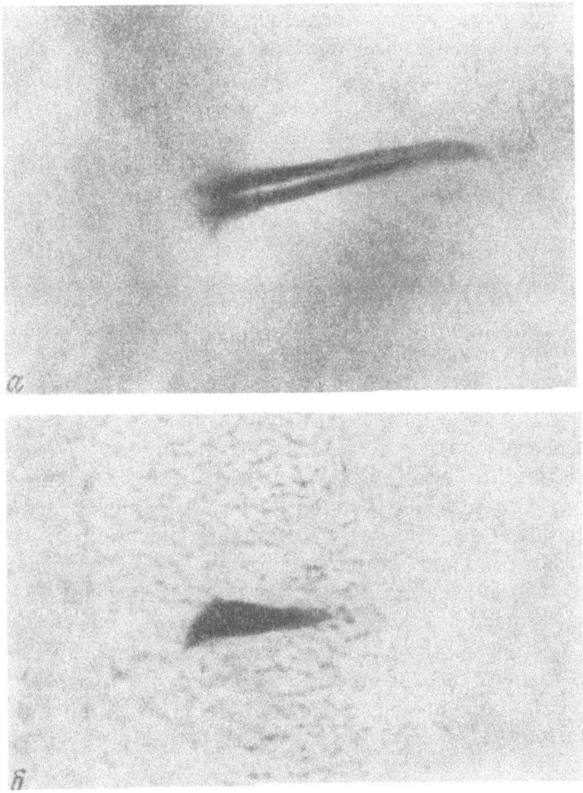

Abb. 13. Durch kosmische Strahlung verursachte Spuren in einem Olivinkristall des Meteoriten ILIMAEZ in 25 cm Tiefe unter dessen Oberfläche
a – Kernladung $Z = 45$; *b* – Kernladung $Z = 35$ (Maßstab in beiden Fällen 20 µm = 1 cm)

Kerne und insbesondere durch die Protonen und α-Teilchen der kosmischen Strahlung bedingten Untergrundes. Außerdem nimmt die Länge der Kernspur mit der Ladung des erzeugenden Kernes zu: So hinterläßt z. B. ein relativistischer Eisenkern im Olivin eine Spur von nur etwa 15 μm Länge, ein Bleikern dagegen von etwa 1 mm Länge. Das Verfahren wird deshalb als aussichtsreich für die Untersuchung der chemischen Zusammensetzung superschwerer Kerne ($Z \gtrsim 30$) in der kosmischen Strahlung angesehen.

Nicht weniger wichtig ist der Umstand, daß die Untersuchung von Kernspuren in Kristallen aus verschiedenen Tiefen des Meteoriten oder der Mondoberfläche Schlußfolgerungen auf das Energiespektrum und die mittlere Energie der schweren Kerne im Verlaufe der letzten Dutzende oder Hunderte von Millionen Jahren zuläßt.

Ohne weiter auf Details der einzelnen Methoden einzugehen, soll im folgenden auf die Ergebnisse der Untersuchungen übergegangen werden.

Wie schon bemerkt wurde, ist eine der wichtigsten Eigenschaften der kosmischen Strahlung die zeitliche Variation ihrer Intensität bei Registrierung an einem festen Ort auf der Erdoberfläche. Angaben über die Variabilität des Flusses der kosmischen Strahlung wurden seit den dreißiger Jahren gesammelt. Die wissenschaftliche Durchdringung dieses Faktenmaterials führte in den fünfziger Jahren zur Abtrennung eines neuen Zweiges der Kosmophysik — der Wissenschaft über die Variationen der kosmischen Strahlung. Dieses neue Gebiet kann man zusammen mit der Theorie über den Ursprung der kosmischen Strahlung als Astrophysik der kosmischen Strahlung bezeichnen.

3. Die Variationen der kosmischen Strahlung

Ungeachtet ihrer nahen Verwandtschaft mit der „großen" Astrophysik erwiesen sich die Variationen der kosmischen Strahlung als eng verknüpft mit vielen Erscheinungen in der Atmosphäre und der Magnetosphäre der Erde. Um sich davon zu überzeugen, genügt es, einen Blick auf die moderne Einteilung der Variationen zu werfen: 1. Variationen atmosphärischen (meteorologischen) Ursprungs; 2. Variationen, hervorgerufen durch Änderungen des Magnetfeldes der Erde; 3. Variationen außerirdischen Ursprungs (diese Klasse der Variationen ist die wichtigste, wenn man den „Puls“ des Weltraums verfolgen will). Somit sind zwei der drei für die Intensitätsvariationen verantwortlichen Faktoren irdischen Ursprungs.

Das Gesagte läßt sich mit einigen Formeln illustrieren. Die erste davon

$$N^i(> R_{\min}, h) = \int_{R_{\min}}^{\infty} D(R)\, m^i(R, h)\, \mathrm{d}R \qquad (1)$$

beschreibt die zu beobachtende Intensität N^i der Sekundärteilchen i an dem Punkt, wo die minimale Härte (engl. „Rigidity“)[1]) der einfallenden Teilchen gleich $R_{\min}$ und der atmosphärische Druck gleich h ist. Die Größe $D(R)$ ist das differentielle Spektrum der primären Teilchen hinsichtlich ihrer Rigidity und der Ausdruck $m^i(R, h)$ der integrale Vervielfältigungsfaktor, der angibt, wieviel Teilchen der Sorte i bei einer Eindringtiefe mit dem Druck h von einem Primärteilchen der Rigidity R gebildet werden.

Im Prinzip sind drei Größen veränderlich: $R_{\min}$, $D(R)$ und $m^i(R, h)$, so daß im allgemeinen Fall für die Inten-

[1]) Die magnetische Härte (Rigidity) der Teilchen hat folgenden physikalischen Sinn. Bei der Bewegung im Magnetfeld wird ein geladenes Teilchen senkrecht zur Bewegungsrichtung und zur Richtung der Feldlinien abgelenkt. Der Bahnradius ist dabei gleich $\varrho = cp_{\perp}/ZeH$, wobei $p_{\perp}$ die Impulskomponente senkrecht zum Magnetfeld, Ze die Ladung des Teilchens, c die Lichtgeschwindigkeit und H die magnetische Feldstärke ist. Die Größe $R = H\varrho = cp_{\perp}/Ze$ wird als die magnetische Härte (Rigidity) des Teilchens bezeichnet. Je größer die Energie des Teilchens ist, um so größer ist dessen Härte und um so geringer die Ablenkung beim Durchlaufen einer bestimmten Strecke des Feldes. In der Theorie der Teilchenbeschleunigung und -ausbreitung erweist sich die Rigidity oft als günstigerer Parameter als die Energie. Diese beiden Parameter sind durch die Beziehung $R = \sqrt{\varepsilon_k^2 + 2\varepsilon_k\varepsilon_0}$ miteinander verknüpft, wobei ε_k die kinetische Energie und ε_0 die Ruheenergie des Teilchens ist (Abb. 14).

sitätsvariationen $N^i(R_{\min}, h)$ gilt

$$\delta N^i(> R_{\min}, h)$$
$$= \int_{R_{\min}}^{\infty} D(R)\, \delta m^i(R, h)\, \mathrm{d}R - \delta R_{\min} D(R)\, m^i(R_{\min}, h)$$
$$+ \int_{R_{\min}}^{\infty} \delta D(R)\, m^i(R, h)\, \mathrm{d}R. \tag{2}$$

Um die relativen Schwankungen zu erhalten, dividieren wir alle Glieder in Gleichung (2) durch $N^i(R_{\min}, h)$:

$$\frac{\delta N^i(> R_{\min}, h)}{N^i(> R_{\min}, h)} = \overset{\text{I}}{\int_{R_{\min}}^{\infty} \frac{\delta m^i(R, h)}{m^i(R, h)}\, W^i_{R_{\min}}(R, h)\, \mathrm{d}R}$$
$$\overset{\text{II}}{- \delta R_{\min} W^i_{R_{\min}}(R_{\min}, h)}$$
$$\overset{\text{III}}{+ \int_{R_{\min}}^{\infty} \frac{\delta D(R)}{D(R)}\, W^i_{R_{\min}}(R, h)\, \mathrm{d}R}, \tag{3}$$

wobei
$$W^i_{R_{\min}}(R, h) = \frac{D(R) m^i(R, h)}{N^i(> R_{\min}, h)} \tag{4}$$

der sogenannte Bindungskoeffizient zwischen den primären und sekundären Variationen ist. Wenn $\delta N^i/N^i$ in Prozenten angegeben wird und R in GV, so hat W^i die Dimension %/GV (m^i ist eine dimensionslose Größe). Mit römischen Ziffern I, II und III sind in Gleichung (3) die Klassen der Variationen gekennzeichnet.

Die Variationen der Klasse III lassen sich ihrerseits in drei Unterklassen (a, b, c) einteilen, von denen jede für die Untersuchung der elektromagnetischen Prozesse im interplanetaren Raum, auf der Sonne und in der Galaxis von großem Interesse ist. Die moderne Klassifikation der Variationen ist in Tabelle 1 enthalten. Die Tabelle

Tabelle 1
Moderne Klassifizierung der Variationen der kosmischen Strahlung (KS)

Klasse	Typ der Variationen	Beobachtete Amplitude, %			Natur der Variationen
		μ-Mesonenkomponente (Meeresspiegelhöhe)	Neutronenkomponente (Meeresspiegelhöhe)	in der Stratosphäre und außerhalb der Atmospäre	
I. Änderungen des integralen Vervielfachungsfaktors	jahreszeitliche,	$\lessapprox 5$	–	–	Änderung der Absorption und des Zerfalls sekundärer Teilchen infolge von Änderungen der meteorologischen Bedingungen über dem Beobachtungspunkt
	tageszeitliche,	0,1–0,2	–	–	
	Temperatureffekt, %/°C	0,1–0,2	–	–	
	barometrischer Effekt, %/mb	0,1–0,2	0,7	–	
II Änderungen der geomagnetischen „Abschneideschwelle“ R_{min}	Zunahme während der Hauptphase des magnetischen Sturmes auf dem Untergrund der generellen Abnahme	$\lessapprox 3$	$\lessapprox 10$	–	Einfluß der Schwankungen des geomagnetischen Feldes auf die Bahn der KS und die „Abschneideschwelle“
III. Änderungen der primären KS außerhalb des geomagnetischen Feldes					

Tabelle 1 (Fortsetzung)

Klasse	Typ der Variationen	Beobachtete Amplitude, %			Natur der Variationen
		μ-Mesonen-Komponente (Meeresspiegelhöhe)	Neutronenkomponente (Meeresspiegelhöhe)	in der Stratosphäre und außerhalb der Atmosphäre	
a) Mit der Sonnentätigkeit verbundene Modulationseffekte	elfjährige	$\lessapprox 6$	$\lessapprox 30$	Verdoppelung	Streuung galaktischer KS an den Inhomogenitäten „eingefrorener", sich von der Sonne fortbewegender Magnetfelder
	27tägige	$\lessapprox 5$	$\lessapprox 1-2$	$\lessapprox 10$	Asymmetrie des von der Sonne ausgehenden Stroms von Inhomogenitäten und Teilchenströmen
	sonnentägliche	0,2–0,3	$\sim 0,5$	$\gtrapprox 2$	Anisotropien, hervorgerufen durch Einfluß magnetischer Felder im interplanetaren Raum und in den Teilchenströmen auf die KS
	FORBUSH-Effekt (Abfall während magnetischer Stürme)	$\lessapprox 10$	$\lessapprox 30$	$\lessapprox 50$	Streuung der KS an magnetischen Fronten, verursacht durch interplanetare Stoßwellen und von Sonneneruptionen ausgeworfene Materie
	Ansteigen vor dem FORBUSH-Effekt	$\lessapprox 1$	$\lessapprox 2$	–	Vergrößerung der Energie der an der Vorderfront des sich auf die Erde zu bewegenden aufmagnetisierten Stromes reflektierten KS

b) Erzeugung schneller Teilchen auf der Sonne	Starke Intensitätszunahmen der KS, verbunden mit mächtigen Eruptionen auf der Sonne (Amplitude für den Fall 23. Febr. 1956)	$\lessapprox 100$	$\lessapprox 5000$	Tausendfaches des normalen Intensitätsniveaus	Teilchenerzeugung im Bereich der Eruption durch elektromagnetischen Beschleunigungsmechanismus (hydromagnetische Stoßwellen, reguläre und statistische Beschleunigung) mit anschließender Fortbewegung von der Sonne durch Diffusion in den interplanetaren Magnetfeldern und durch Mitführung in Magnetfallen der Teilchenströme
	Geringe Zunahmen, verbunden mit gewöhnlichen Sonneneruptionen	$\sim 0{,}1-0{,}2$	$\lessapprox 1$	um das Zehn- und Hundertfache	
c) Anisotropie des Stromes der galaktischen KS	Anomales Verhalten der sonnentäglichen Variationen im Minimum der Sonnenaktivität (22jährige Änderungen der täglichen Variation)	$\sim 0{,}2-0{,}3$	$\sim 0{,}5$	–	Auftreten einer Anisotropie der galaktischen KS relativ geringer Energie innerhalb des Sonnensystems während des Minimums der Sonnenaktivität (durch Asymmetrie des Sonnenwindes)
	Sterntägliche Variation der Teilchen hoher Energien	0,1% – im Energiebereich von 10 bis Hunderte GeV (nach Messungen mit gekreuzten Teleskopen im Sonnenaktivitätsminimum); 0,1–1,0% – für superhohe Energien (nach Daten ausgedehnter atmosphärischer Schauer)			Diffusion der KS aus der Galaxis
	Anomale langdauernde Intensitätsanstiege der KS	– um das 10fache – um das 100fache – um das 1000fache			Supernova – Eruptionen innerhalb ca. 10 Parsec vom Sonnensystem

stammt von L. I. Dorman, der in den fünfziger Jahren in der UdSSR einen wesentlichen Beitrag zur Theorie der Variationen geleistet hat. In der Tabelle sind nicht nur die Hauptklassen der Variationen aufgezählt, sondern auch

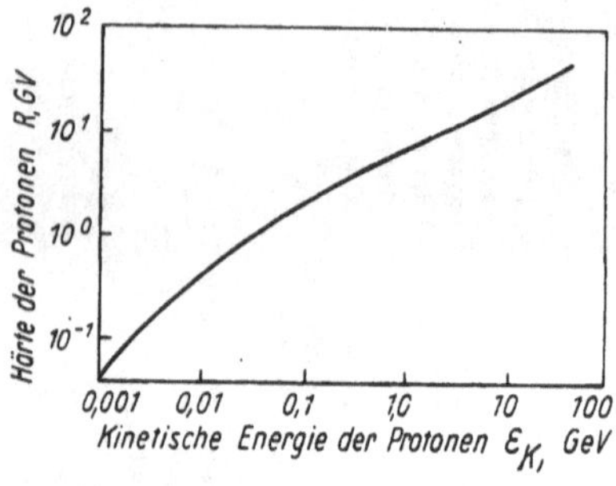

Abb. 14. **Zusammenhang zwischen der magnetischen Härte (Rigidity) der Protonen und ihrer kinetischen Energie (im logarithmischen Maßstab)**

ihre Amplituden nach Beobachtungen auf Meeresspiegelhöhe, in der Stratosphäre und außerhalb der Atmosphäre sowie ihre möglichen Ursachen genannt.

3.1. Kosmische Strahlung und Erdatmosphäre

Um die tatsächlichen Schwankungen der Intensität der kosmischen Strahlung im interplanetaren Raum, die Variationen der dritten Klasse, in „reiner Form" zu erhalten, müssen sie von den „schädlichen Beimengungen" befreit werden, die von der Erdatmosphäre und dem geomagnetischen Feld hineingetragen werden. Erst nach einer solchen Prozedur kann man ein Modell des interplanetaren Mediums und eine Theorie der Ausbreitung der kosmischen Strahlung aufstellen.

Betrachten wir zunächst die Variationen irdischen Ursprungs, die bei der Erforschung der kosmischen Strahlung besonders viel Mühe verursachen.

Nehmen wir an, wir hätten ein ideal arbeitendes Meßgerät, das sich an einem bestimmten Punkt der Erdoberfläche befindet und ohne Beeinträchtigung der Stabilität monatelang die kosmische Strahlung registrieren kann. Bleibt dann die gemessene Intensität der kosmischen Strahlung streng konstant? Schon zum Ende der dreißiger Jahre wurde klar, daß dies nicht der Fall ist.

Woran liegt das? Möglicherweise liegt der Grund in einer Änderung der Meßbedingungen? Man darf ja tatsächlich nicht vergessen, daß die Bedingungen in der Atmosphäre nicht konstant bleiben: Das Wetter ändert sich, es ändern sich Druck, Feuchtigkeit und Temperatur der Luft. Wir wollen sehen, wie gewichtig diese Änderungen sind.

Absorption der kosmischen Strahlung in der Atmosphäre (barometrischer Effekt). Der Luftdruck ist durch die Masse der Luftsäule (in g/cm²) über dem Sekundärpartikeldetektor gegeben. Tritt an die Stelle von Sonnenschein Regenwetter und der Luftdruck fällt beispielsweise um 20 mm Hg, so hat das etwa den Effekt, als ob man von der Bleiabschirmung des Gerätes eine Schicht von etwa 27 g/cm² abtragen würde. Durch sorgfältige Untersuchungen wurde festgestellt, daß die Intensität der sekundären kosmischen Strahlung dem Luftdruck umgekehrt proportional ist. Diese Erscheinung erhielt den Namen barometrischer Effekt der kosmischen Strahlung.

Der Barometerstand entspricht allerdings nicht immer exakt der Schichtdicke über dem Meßgerät: Bei starkem Wind macht sich der Bernoulli-Effekt bemerkbar — der dynamische Druck ist geringer als der statische (in Abwesenheit von Wind). Das kann zu Fehlern bei der Anbringung von Korrekturen in die Anzeige kontinuierlich messender Geräte führen. Der Windeinfluß macht sich bei Geschwindigkeit von 10 m/s und mehr bemerkbar. Eines der windreichsten Territorien der Erde ist die Antarktis, wo sich mehrere Stationen zur Messung der kosmischen Strahlung befinden (darunter das sowjetische geophysikalische Observatorium Mirny).

Das Wetter kann sich noch von einer anderen, ziemlich unerwarteten Seite auf die Intensität der kosmischen Strahlung auswirken: Bei starkem Schneefall nimmt die Stärke der absorbierenden Schicht über dem Meßgerät zu, was einer Zunahme des Luftdruckes gleichwertig ist. Wenn vom Dach des Observatoriums einige Tage lang der Schnee nicht abgeräumt wird, beobachtet man als Folge eine scheinbare Verminderung der Intensität der kosmischen Strahlung. Die Berücksichtigung dieses Effektes ist für polare Stationen wie auf der Heiss-Insel, in Mirny usw. besonders wichtig (an diesen Orten müssen die Dächer der Observatorien regelmäßig von Schnee geräumt werden!).

Der Leser ist im Recht zu fragen: Ist der Einfluß der atmosphärischen Bedingungen auf die Anzeige der die kosmische Strahlung registrierenden Meßgeräte tatsächlich so wesentlich? Ja, er ist wesentlich, besonders wenn man das diffizile Untersuchungsobjekt im Auge hat, die Variationen der kosmischen Strahlung. Das Wesen der Sache besteht in folgendem.

Selbst nach Einführung barometrischer Korrekturen ist der Verlauf der Intensität der kosmischen Strahlung als Funktion der Zeit $I(t)$ noch immer keine ideal glatte Linie: Gewöhnlich (in Abwesenheit von Sonneneruptionen) schwankt die Intensität bei Beobachtung am gleichen Punkt der Erdoberfläche zwischen einigen Zehntel Prozent und einigen Prozent um ihren Mittelwert. Diese Schwankungen gehen auf Änderungen im Fluß der kosmischen Teilchen außerhalb der Atmosphäre zurück (Klasse II und III der Variationen). Somit ist die Einführung barometrischer Korrekturen wichtig, um die Variationen des Primärflusses vom Einfluß der Atmosphäre zu befreien.

Die Absorption der kosmischen Strahlung in der Atmosphäre kann man mit folgender Gleichung beschreiben:

$$I(h) = I_0 \exp(-h/\lambda), \tag{5}$$

wobei I_0 die Intensität der sekundären Teilchen in einer Höhe von etwa 20 km (vgl. Abb. 5), h der Luftdruck (in Millibar), λ die sogenannte mittlere Weglänge für die Absorption des jeweiligen Sekundärteilchens (Neutrons, μ-Mesons usw.) und $I(h)$ die in der Höhe mit dem Druck h gemessene Intensität der Sekundärteilchen ist. Bei Änderung des Drucks ist die Intensitätsänderung durch die Formel

$$\frac{\Delta I}{I} = -\Delta h/\lambda = \beta \cdot \Delta h; \qquad \beta = -\frac{1}{\lambda} \tag{6, 7}$$

gegeben, wobei die Größe $\beta = -1/\lambda$ als Barometer-Koeffizient bezeichnet wird und $\Delta I/I$ die zu erwartende Änderung der Intensität für die Sekundärteilchen (in Prozent vom Mittelwert) bei Änderung des atmosphärischen Drucks auf dem gegebenen Beobachtungsniveau um Δh (in Millibar) ist.

Die Größe λ, gemessen in g/cm², hängt von der mittleren Energie der zu registrierenden Teilchen, z. B. Neutronen, ab. Da in hohen Atmosphärenschichten die mittlere Energie der Neutronen höher ist als in Meereshöhe, ist deshalb λ für Hochgebirgsstationen etwas größer und β etwas kleiner als für Stationen im Flachland. Ein ähnliches Bild ergibt sich beim Übergang von hohen in niedere geomagnetische Breiten: Infolge der zum Äquator hin wachsenden Energie der Primärteilchen (bedingt durch den geomagnetischen oder Breiteneffekt) nimmt λ zu und β dementsprechend ab.

Der Barometerkoeffizient β, ausgedrückt in % pro mb, wird aus der Korrelation der beobachteten Intensitätsänderungen der kosmischen Strahlung und der Änderung des barometrischen Drucks empirisch ermittelt. Für die Neutronenkomponente beträgt β etwa $-0{,}70 \pm 0{,}02$%/mb (Standard-Neutronenmonitor in einer Station mittlerer Breite), was etwa der Amplitude der sonnentäglichen Variation entspricht. Eine Luftdruckänderung von +10 mb führt zu einem barometrischen Effekt von

—7%, was mit der Amplitudenabnahme der kosmischen Strahlung während geomagnetischer Stürme (Forbush-Effekt) vergleichbar ist. Daraus wird die Notwendigkeit einer sorgfältigen Berücksichtigung des barometrischen Effektes bei Untersuchungen von Variationen kosmischer Strahlung mit kleiner Amplitude offensichtlich.

Interessanterweise wurde für die Periode 1957—1964 eine Abhängigkeit der Größe β für eine gegebene Station vom Niveau der Sonnenaktivität festgestellt. Der Grund ist hier der gleiche — eine Änderung der mittleren Energie der Primärteilchen im Verlauf des elfjährigen Zyklus der Sonnentätigkeit. Im Maximum der Aktivität verringert sich die Intensität primärer Partikel geringer Energie wegen der verstärkten Störung durch elektromagnetische Felder im Sonnensystem. Dadurch nimmt die mittlere Energie der übrigbleibenden Teilchen zu, was zu einem Anwachsen von λ und damit zu einer Abnahme von β führt. Im Minimum der Sonnenaktivität ist die Situation umgekehrt. Diese Änderungen sind nicht sehr groß; wegen der geringen Amplitude der meisten untersuchten Variationen ist ihre Berücksichtigung aber erforderlich. Somit erweisen sich das irdische Wetter und das „Wetter" im Weltraum als gewissermaßen miteinander verbunden, und die Erdatmosphäre stellt eine Brücke besonderer Art zwischen den bodengebundenen Beobachtungen und dem interplanetaren Raum dar.

Kosmische Strahlung und Temperatur der Atmosphäre. Unter der Wirkung der kosmischen Strahlung entstehen in der Erdatmosphäre Sekundärteilchen mit den unterschiedlichsten Eigenschaften — unterschiedlicher Masse und Lebensdauer, verschiedener Ladung usw. Als von Neutronen die Rede war, betrachteten wir nur den barometrischen Effekt, der durch ihre Absorption in der Atmosphäre bedingt ist.

Bekanntlich ist das Neutron ein instabiles Teilchen, allerdings mit einer relativ großen Lebensdauer (1010 s oder 17 min). Diese Zeit ist völlig ausreichend, um alle sekundären Neutronen nach Überwindung der „Dichtebarriere" unabhängig von der Höhe ihrer Entstehung die Erdoberfläche ohne Zerfall erreichen zu lassen. Völlig anders sieht es für π-Mesonen aus, die bald nach ihrer Entstehung in μ-Mesonen und Neutrinos zerfallen, wobei die μ-Mesonen ihrerseits ebenfalls instabil sind.

Temperaturänderungen verändern die Schichtdicke über dem Detektor nicht, beeinflussen aber die Dichteverteilung mit der Höhe merklich. Wegen der Instabilität der π- und μ-Mesonen hängt ihr geometrischer Weg, den sie in der Atmosphäre zurücklegen, von ihrer Entstehungshöhe ab. Mit einer Änderung der Temperatur ändert sich auch die Entstehungshöhe der π-Mesonen, was bedeutet, daß auch die Intensität der μ-Mesonen an der Erdoberfläche nicht konstant ist.

Nukleare Wechselwirkungen primärer und sekundärer kosmischer Partikel können in der Atmosphäre wiederholt auftreten, wobei die Gesamtzahl der durch ein Primärteilchen hervorgerufenen Sekundärteilchen lawinenartig anwächst. Dieser Prozeß setzt sich so lange fort, bis die Energie der Sekundärpartikel bis auf etwa 10^9 eV abgenommen hat (bei dieser Energie beginnen Kernanregung und elastische Streuung gegenüber der Mehrfachbildung zu überwiegen). Die in Kernstoßprozessen gebildeten $\pi^\pm$-Mesonen zerfallen entweder (mit einer mittleren Zerfallszeit von ca. $2{,}5 \cdot 10^{-8}$ s) in $\mu^\pm$-Mesonen und Neutrinos oder treffen auf einen Kern und spalten diesen.

Die Wahrscheinlichkeit nuklearer Wechselwirkungen ist offensichtlich von der Dichte der Luft abhängig. Bei steigender Temperatur nimmt die Dichte ab und damit auch die Zahl der auf einem bestimmten geometrischen Weg an Kernstoßprozessen beteiligten $\pi^\pm$-Mesonen. Damit vergrößert sich die Zahl der nicht an Kernreaktionen beteiligten, d. h. weiter zerfallenden $\pi^\pm$-Mesonen und so letztlich der Strom der sekundären $\mu^\pm$-Mesonen. Die $\mu^\pm$-Mesonen zerfallen ihrerseits in Elektronen bzw. Positronen und Neutrinos.

Die Lebensdauer von μ-Mesonen ist relativ groß

(etwa $2 \cdot 10^{-6}$ s), so daß ein bedeutender Teil von ihnen die Erdoberfläche ohne Zerfall erreicht. Dabei ändert sich die Zahl der gebildeten μ-Mesonen sowohl mit der Änderung der Temperatur in den hohen Schichten der Atmosphäre (wegen des sich verändernden Anteils der zerfallenden π-Mesonen) als auch mit Temperaturänderungen tiefer liegender Schichten. Beispielsweise führt eine Temperaturerhöhung zu einer Vergrößerung des geometrischen Weges der μ-Mesonen vom Niveau ihrer Entstehung bis zum Niveau ihrer Registrierung. Dadurch nimmt die Anzahl der zerfallenden μ-Mesonen zu und ihre Intensität an der Erdoberfläche entsprechend ab. All diese Erscheinungen werden unter dem Begriff des Temperatureffektes zusammengefaßt, dessen Natur durchaus nicht von Anfang an klar war.

Zunächst versuchte man, in Analogie zur barometrischen Korrektur eine Temperaturkorrektur nach der Formel

$$\Delta I/I = \alpha \cdot \Delta T \tag{8}$$

anzubringen, wobei ΔT die Temperaturänderung in Beobachtungshöhe und α ein Temperaturkoeffizient (ausgedrückt in % pro 1 °C) ist. Die Verwendung der Formel (8) führte aber bei verbesserter Meßgenauigkeit zu ernsthaften Schwierigkeiten.

So stellte man z. B. fest, daß α sich zwischen Sommer und Winter verändert, vom Verfahren der Mittelwertbildung aus den Meßdaten abhängt u. a. mehr. Gleichung (8) gibt also den Temperatureinfluß der Atmosphäre auf die Intensität der μ-Mesonen zu grob wieder. Der Grund dafür wurde in erster Linie darin vermutet, daß die Temperatur in Erdnähe offensichtlich nicht eindeutig mit der Temperatur in Entstehungshöhe der μ-Mesonen (sie entspricht einem Druck von etwa 100 mb) zusammenhängt. Mit der Änderung der Temperatur schwankt auch die in Kilometern ausgedrückte Entstehungshöhe in gewissen Grenzen. Es bot sich an, damit die Intensitätsänderungen der μ-Mesonen in Verbindung zu bringen.

Eine allseitige Überprüfung dieser Annahme führte 1949 A. Duperier durch. Einige Schwierigkeiten ließen sich auf diese Weise tatsächlich beseitigen. Die Lage komplizierte sich aber wieder, als es sich herausstellte, daß die „bereinigte" Intensität (nach Anbringung von Korrekturen für den barometrischen Effekt und für den μ-Mesonen-Zerfall) von der Temperatur der Luft in der Entstehungsschicht der μ-Mesonen abhängt. Weitere Untersuchungen zeigten, daß die Duperiersche Methode, die auch jetzt noch manchmal angewendet wird, vom Prinzip her fehlerhaft ist, da sie den Nichtgleichgewichtscharakter der Erdatmosphäre ignoriert (die vertikale Bewegung der Luftmassen), die Ionisationsverluste der μ-Mesonen nicht berücksichtigt und den Umstand außer Acht läßt, daß die Mesonen nicht nur in einer definierten Höhe, sondern in der gesamten Atmosphäre entstehen.

Anfang der fünfziger Jahre wurde klar, daß ein weiterer Fortschritt in der Erforschung der Variationen der kosmischen Strahlung ohne richtige Berücksichtigung des Einflusses meteorologischer Faktoren nicht möglich ist. Andererseits waren alle Voraussetzungen gegeben, um dieses Problem zu lösen. Vor allem bestanden klare Vorstellungen über den Prozeß der Bildung von μ-Mesonen und deren Fortbewegung durch die Atmosphäre. Außerdem machten die Arbeiten von E. L. Fainberg, die bereits 1946 entstanden waren und wahrscheinlich außerhalb der UdSSR lange Zeit unbeachtet blieben, die Notwendigkeit klar, die Ionisationsverluste der μ-Mesonen und die realen Eigenschaften der Atmosphäre zu berücksichtigen. Es geht darum, daß die Lebensdauer der μ-Mesonen τ von ihrer Gesamtenergie ε abhängt, und zwar in der Form $\tau = \tau_\mu \varepsilon / m_\mu c^2$, wobei τ_μ und m_μ die Lebensdauer und die Masse des μ-Mesons im Ruhezustand sind; c ist die Lichtgeschwindigkeit.

Wenn das Meson in der Atmosphäre durch Ionisation Energie verliert, nimmt seine Lebensdauer ab. Dabei wirken sich diese Energieverluste am Anfang des vom Meson zurückzulegenden Weges stärker auf die „Überlebenswahrscheinlichkeit“ aus als am Ende des Weges. Deshalb wirkt sich selbst bei konstantem Druck und konstanter Entstehungshöhe eine vertikale Verschiebung der Luftmassen auf die in Meereshöhe registrierte Intensität der μ-Mesonen aus. Es zeigte sich, daß in der realen Erdatmosphäre dieser Effekt ebenso wichtig ist wie die vorher bereits berücksichtigten Effekte. Man muß also die gesamte Temperaturverteilung in der Atmosphäre über der Meßstelle in die Korrekturen einbeziehen.

Es läßt sich eine Formel ableiten, die die Änderung der μ-Mesonenintensität auf einem gegebenen Niveau mit der Änderung des Drucks h exakt wiedergibt, wenn die Änderung der Temperatur in allen Höhen, beginnend am Beobachtungsort ($h = h_0$) bis hin zur Grenze der Atmosphäre $h = 0$ bekannt ist. Eine derartige Formel wurde zunächst von FAINBERG unter der Voraussetzung abgeleitet, daß die Entstehung der μ-Mesonen an eine bestimmte Höhe gebunden werden kann. 1951 unternahm DORMAN den nächsten Schritt. Es wurde berücksichtigt, daß die Entstehung der μ-Mesonen in der gesamten Atmosphäre vor sich geht. Die Schlußfolgerungen der Theorie, die die Rolle der verschiedenen Atmosphärenschichten beim Zustandekommen des Temperatureffektes berücksichtigt, begannen erfolgreich Eingang in die Untersuchungen der jahreszeitlichen, tageszeitlichen und anderen Variationen der kosmischen Strahlung zu finden.

Das von DORMAN vorgeschlagene Verfahren der Temperaturkorrektur erhielt die Bezeichnung integrales Verfahren. Mit dieser Methode gelang es, die atmosphärische Komponente in den jährlichen, 27tägigen, sonnentäglichen und sterntäglichen Variationen der kosmischen Strahlung sowie in den Effekten bei Sonneneruptionen und Magnetstürmen zu ermitteln.

Die Rolle der Temperatureffekte bei der Untersuchung der Variationen der kosmischen Strahlung ist in

Abb. 15 gut zu erkennen. Es sind die Meßdaten eines Neutronenmonitors vom Typ IGJ in Deep River (Kanada) (Kurve *1*) und einer Ionisationskammer ASK-1 in der

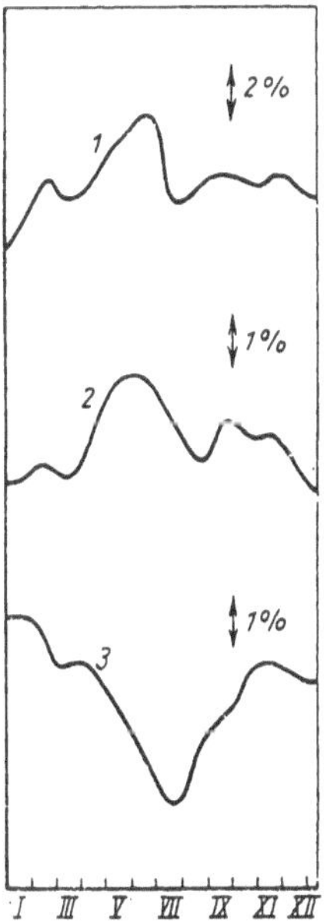

Abb. 15. Jahresgänge der Intensität verschiedener Komponenten der kosmischen Strahlung an der Erdoberfläche. Gemittelte Werte für die Periode Juli 1957 – Februar 1959. In der Vertikalen sind die Amplituden der Variationen der kosmischen Strahlung (in % vom Mittelwert), in der Horizontalen die Monate des Jahres aufgetragen

1 – Intensitätsvariationen der Neutronenkomponente nach Meßwerten der Station Deep River (Kanada) (sie sind gegenüber den jahreszeitlichen Temperaturvariationen der Atmosphäre wenig empfindlich und werden hauptsächlich durch die jahreszeitlichen Variationen des Luftdrucks an der Beobachtungsstelle hervorgerufen);

2 – Intensität der μ-Mesonen-Komponente nach Einführung einer Temperaturkorrektur; *3* – die sich davon wesentlich unterscheidende unkorrigierte Intensität. Die Kurven *2* und *3* wurden durch die Station Krasnaja Pachra (Moskauer Gebiet) erhalten

Nähe von Moskau (Kurven *2* und *3*) dargestellt. Kurve *1* beschreibt den jahreszeitlichen Verlauf für die Neutronenkomponente, für die der Temperatureffekt erheblich geringer ist als für μ-Mesonen. Die jahreszeitlichen Variationen der harten Komponente unterscheiden sich nach Temperaturkorrektur (Kurve *2*) erheblich vom unkorrigierten Verlauf (Kurve *3*).

Die Berücksichtigung des Temperatureffektes trifft auf große methodische Schwierigkeiten, da er selbst sehr klein ist (ca. 0,1–0,2%/°C für die μ-Mesonen-Komponente) und außerdem das Anbringen der Korrektur die Kenntnis des Temperaturverlaufs in der Atmosphäre über dem Beobachtungsort voraussetzt.

Die durch Veränderungen in der Atmosphäre bedingten Intensitätsvariationen der kosmischen Strahlung sind unter zweierlei Gesichtspunkten von Interesse. Erstens ermöglicht ihre sorgfältige Untersuchung, aus den Beobachtungsdaten die Variationen atmosphärischer Herkunft zu eliminieren. Zweitens gestattet die Untersuchung der meteorologischen Effekte, die Temperaturschwankungen in den oberen Schichten der Atmosphäre abzuschätzen. Durch Untersuchung der Variationen kosmischer Strahlung erhaltene Angaben über die Temperaturen oberhalb des Niveaus 200 mb werden bereits in der praktischen Tätigkeit sowjetischer Aerologen verwendet.

Die atmosphärisch bedingten Schwankungen der kosmischen Strahlung spielen praktisch keine Rolle bei Messungen von Ballonsonden, Raketen und Sputniks aus; diese Effekte müssen nur bei Beobachtungen in den Tiefen der Atmosphäre berücksichtigt werden. Bei der Untersuchung bestimmter Variationen mit großer Amplitude (Anstiege der kosmischen Strahlung bei Sonneneruptionen, ihre Abschwächung während magnetischer Stürme) fallen die Temperaturkorrekturen ebenfalls nicht ins Gewicht. Sie sind aber sehr wichtig für die Beobachtung von Variationen, die in irgendeiner Form mit meteorologischen Faktoren korreliert sind (tägliche,

27tägige, jährliche u. ä. Variationen), und auch für kurzzeitige Variationen geringer Amplitude.

Als Beispiel soll die Untersuchung kleiner Intensitätszunahmen der μ-Mesonen-Komponente nach nicht sehr starken Sonneneruptionen genannt werden. Die Frage nach der Natur dieses Effektes ist nach wie vor offen. Es gibt zwei Standpunkte. Einerseits wird die Meinung vertreten, daß der Intensitätsanstieg durch meteorologische Faktoren bedingt ist. Eine andere Auffassung besagt, daß der Erscheinung ein zusätzlicher Teilchenstrom zugrunde liegt, der auf der Sonne während der Eruption beschleunigt wird. Nicht auszuschließen ist auch, daß dieser Effekt in der μ-Mesonen-Komponente durch Überlagerung zweier Ursachen zustande kommt. Beispielsweise sind am Äquator vermutlich drei Viertel der Zunahmeamplitude auf meteorologische Faktoren zurückzuführen, die mit der Einwirkung der UV-Strahlung der Sonneneruption auf die Ozonschicht (in ca. 20 km Höhe) und der darauffolgenden Temperaturänderung in den oberen Atmosphärenschichten zusammenhängen.

Es gibt gegenwärtig schon Hinweise darauf, daß, wenn ein Temperaturanstieg in der Stratosphäre während Sonneneruptionen auftritt, er 5—8 °C nicht übersteigt. Wenn es gelänge, die solare Natur des geringen Anstiegs der μ-Mesonen-Komponente eindeutig festzustellen, trüge dies zur Beantwortung mehrerer wichtiger Fragen bei: Erzeugen alle oder nicht alle Eruptionen schnelle Teilchen, mit konstanter Intensität oder nicht, bleibt das Energiespektrum gleich usw.?

Einfluß der kosmischen Strahlung auf die Atmosphäre. Bisher haben wir die Wirkung der Atmosphäre auf die kosmische Strahlung betrachtet. Umgekehrt gibt es auch einen Einfluß der kosmischen Strahlung auf die Atmosphäre. Das gilt in erster Linie für die unteren Schichten der Ionosphäre, wo sich unter dem Einfluß der kosmischen Strahlung die sogenannte kosmische Ionisationsschicht bildet, von der wir bereits gesprochen haben.

Bei einer Eruption solarer kosmischer Strahlung verstärkt sich diese Schicht in hohen Breiten stark, was zu einer wachsenden Absorption von Radiokurzwellen und unter Umständen zum völligen Erliegen des Funkverkehrs auf diesen Wellenlängen führt. Der Effekt erhielt die Bezeichnung Polkappenabsorption (PCA). Da er im Vorangegangenen bereits beschrieben wurde, soll zur Illustration dieser Erscheinung nur das Beispiel der Sonneneruption vom 7. Juni 1966 angeführt werden (Abb. 16).

Neben der Einwirkung auf die Ionosphäre beeinflußt die kosmische Strahlung zweifellos die Isotopenzusammensetzung der Atmosphäre sowohl hinsichtlich stabiler als auch instabiler (radioaktiver) Isotope. Bei der Wechselwirkung der kosmischen Strahlung mit den Kernen von Stickstoff, Sauerstoff und den anderen Elementen der Atmosphäre bilden sich insbesondere erhebliche Mengen der radioaktiven Isotope ^{3}He, ^{7}Be, ^{14}C, ^{32}P, ^{39}Cl u. a.

Aus den bekannten Wirkungsquerschnitten für die Kernreaktionen läßt sich die Bildungsgeschwindigkeit eines bestimmten Isotops berechnen, wenn die Intensität der kosmischen Strahlung bekannt ist. Es läßt sich auch die Konzentration in einer bestimmten Probe berechnen, die für eine gegebene Zeit abgeschirmt war. Dieses Verfahren wird oft benutzt, um das Alter von Proben zu ermitteln. Wenn es möglich ist, das Alter einer solchen Probe mit einem anderen, unabhängigen Verfahren festzustellen, lassen die gefundenen Konzentrationen Rückschlüsse auf die Intensität der kosmischen Strahlung in weit zurückliegenden Zeiten zu. Für derartige Rechnungen ist offensichtlich die richtige Bestimmung der Bildungsgeschwindigkeit der Isotopen entscheidend. Die zuverlässigsten Angaben existieren für überschweren Wasserstoff — Tritium ^{3}H und für das radioaktive Kohlenstoffisotop ^{14}C, das auch oft als Radiokohlenstoff bezeichnet wird.

Die Bildungsgeschwindigkeit der Isotope hängt vom Gesamtintensitätsniveau der galaktischen kosmischen

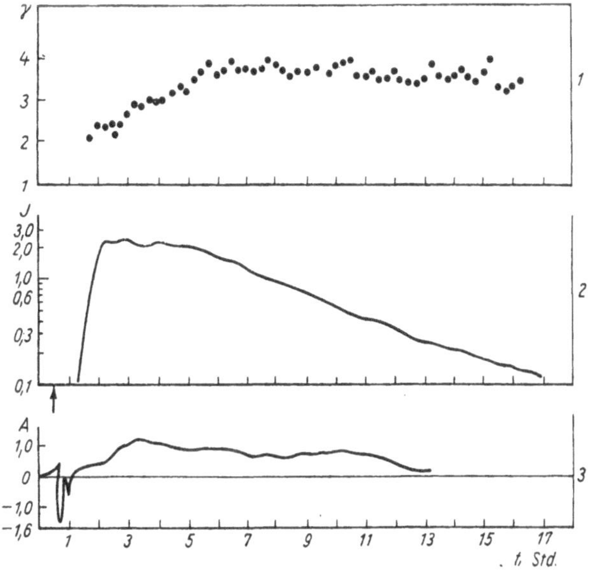

Abb. 16. Komplex kosmophysikalischer Erscheinungen, die bei der Sonneneruption am 7. Juli 1966 beobachtet wurden.

1 — zeitliche Veränderung des Exponenten γ des differentiellen Spektrums der solaren Protonen im Energiebereich 100—500 MeV; *2* — zeitlicher Verlauf der Protonenintensität (I cm^{-2} s^{-1} $sterad^{-1}$) nach Stratosphärenmessungen über Skandinavien; *3* — zeitlicher Verlauf der Absorptionsamplitude A (in dB) des kosmischen Radiorauschens auf der Frequenz 27,6 MHz. Mit dem Pfeil ist der Beginn der Eruption bezeichnet

Strahlung ab. Einen bestimmten Einfluß auf die Isotopenbildung übt auch die kosmische Strahlung solaren Ursprungs aus. Außerdem müssen die Intensitätsschwankungen der kosmischen Strahlung bei Veränderungen im Niveau der Sonnenaktivität berücksichtigt werden.

Die über die gesamte Atmosphäre gemittelte Geschwindigkeit der Tritiumbildung beträgt nach Berechnungen verschiedener Wissenschaftler 0,2—0,5 Atome pro cm^2 in einer Sekunde.

Der Hauptteil des Tritiums (etwa 60—70%) entsteht bei der Spaltung von ^{14}N- und ^{16}O-Kernen durch primäre kosmische Strahlung. Etwa 30—40% des atmosphärischen Tritiums bildet sich unter der Wirkung sekundärer Neutronen nach der Reaktion $^{14}N + n \rightarrow {}^3H + {}^{12}C$. Das Tritium verbindet sich in der Atmosphäre mit Sauerstoff unter Bildung von überschwerem Wasser ^3H_2O, das mit dem Regen auf die Erdoberfläche gelangt. Ein direkter Austausch von ^3H_2O-Molekülen zwischen Luft und Wasseroberfläche ist gleichfalls möglich.

Die wahrscheinlichste Kernreaktion, nach der sich Radiokohlenstoff bildet, ist die folgende: $^{14}N + n \rightarrow {}^{14}C + p$ (n — Neutron, p — Proton). Das Isotop ^{14}C ist im Unterschied zum gewöhnlichen Kohlenstoff ^{12}C radioaktiv und zerfällt mit einer Halbwertszeit von $T_{1/2} \approx 5600$ Jahre. An der ^{14}C-Bildung können mehrere Neutronenquellen beteiligt sein. Ihre relative Stärke und ihre zeitlichen Schwankungen sind unzureichend untersucht, so daß sich die Bildungsgeschwindigkeit Q des Radiokohlenstoffs nur mit einer Genauigkeit von 20—25% abschätzen läßt. Im letzten Jahrhundert betrug die mittlere Bildungsgeschwindigkeit von Radiokohlenstoff in der Erdatmosphäre $Q = 2{,}5 \pm 0{,}5$ Atome/$cm^2 \cdot s$.

Der in der Atmosphäre entstandene radioaktive Kohlenstoff wird durch den Luftsauerstoff oxydiert. Im Prozeß der Photosynthese wird der radioaktive Kohlenstoff von den Pflanzen absorbiert und dann mit pflanzlicher Kost durch die tierischen Organismen aufgenommen. Aus der Atmosphäre gelangt der Kohlenstoff auch in den Ozean. Im Ergebnis des Kohlenstoffaustausches zwischen Atmosphäre, Hydrosphäre und Biosphäre stellt sich für alle Verbindungen, deren Kohlenstoff am Austausch beteiligt ist, die gleiche Isotopenzusammensetzung ein.

Nach dem Absterben der Organismen wird die Menge des Radiokohlenstoffs in den Pflanzen- und Tierresten nur durch dessen Zerfallsgeschwindigkeit bestimmt. Auf dieser Erscheinung beruht die sogenannte Radiokohlenstoffmethode der Zeitbestimmung – der Altersermittlung archäologischer Proben (näheres dazu im letzten Kapitel).

Unter der Einwirkung der kosmischen Strahlung bilden sich in der Atmosphäre neben radioaktiven Isotopen in großer Menge auch stabile Isotope. Radioaktive Isotope lassen sich relativ einfach untersuchen – nach ihren Zerfallsprodukten. Schwieriger ist die Untersuchung stabiler Isotope. Dazu ist ein Vergleich der Isotopenzusammensetzung von Luft, die der kosmischen Strahlung ausgesetzt war, und von Luft, die ihr nicht ausgesetzt war (z. B. in Gesteinen vulkanischer Herkunft eingeschlossener Luft) erforderlich. Berechnungen zeigen, daß sich unter der Voraussetzung konstanter Intensität der kosmischen Strahlung über die gesamte Existenzperiode der Erde (über 4 Mrd. Jahre) bis zur Gegenwart etwa $4 \cdot 10^{16}$ Atome/cm^2 ^{6}Li, $1{,}5 \cdot 10^{14}$ Atome/cm^2 ^{21}Ne und $3 \cdot 10^{14}$ Atome/cm^2 ^{36}Ar gebildet haben müßten. Das natürliche Lithium besteht zum Beispiel aus 7,5% ^{6}Li und 92,5% ^{7}Li. Die ermittelte Bildungsgeschwindigkeit für ^{6}Li müßte zu einer Veränderung der Isotopenzusammensetzung des Lithiums in der Luft um 0,03% führen. Eine derartige Größe läßt sich mit modernen Massenspektrometern bereits ohne weiteres erfassen. Eine genügend genaue Bestimmung der Veränderungen in der Isotopenzusammensetzung der Elemente der Luft ermöglicht andererseits eine Einschätzung der Intensität der kosmischen Strahlung für die ferne Vergangenheit. Da in den erwähnten Rechnungen der Einfluß der solaren Komponente der kosmischen Strahlung vernachlässigt wurde, sind die angeführten Werte als untere Grenzwerte zu betrachten.

3.2. Die kosmische Strahlung im Magnetfeld der Erde

Die Erdatmosphäre ist bisher das einzige Laboratorium, in dem – wenn auch mit verschiedenen Methoden – das Verhalten von Partikeln mit einem derart breiten Energiebereich von 10^7 bis ca. 10^{21} eV untersucht werden kann.

Es war bereits die Rede davon, wie Änderungen im Zustand der Erdatmosphäre die Intensität der sekundären kosmischen Strahlung beeinflussen. Aber auch bei konstanten Bedingungen in der Atmosphäre machen die auf sie auftreffenden kosmischen Teilchen erhebliche Veränderungen durch. Um auf Meeresspiegelhöhe zu gelangen, haben die Partikel der primären kosmischen Strahlung eine atmosphärische Schicht von mindestens 50 km Dicke zu durchdringen. Die Gesamtmasse der Luft, die in solch einer atmosphärischen Säule mit 1 cm² Querschnitt enthalten ist, beträgt etwa 1030 g, d. h., sie ist vergleichbar mit einer 10 m hohen Wassersäule gleichen Durchmessers.

Ein in die Atmosphäre eindringendes Teilchen bestimmter Energie führt zum Auftreten von m^i sekundären Teilchen der Sorte i auf Meeresspiegelhöhe. Die integrale Vermehrungsrate m^i hängt von der Energie des Primärteilchens und vom Zustand der Atmosphäre ab. Eine Veränderung der atmosphärischen Bedingungen führt zur Änderung von m^i und zu entsprechenden Schwankungen der kosmischen Strahlung in den Tiefen der Atmosphäre (meteorologische Effekte).

Die Kenntnis von m^i ist sehr wichtig, um die Bindungskoeffizienten zwischen primärer und sekundärer kosmischer Strahlung bestimmen zu können. Diese Bindungskoeffizienten gestatten ihrerseits, das Spektrum der primären Schwankungen der kosmischen Strahlung an der Grenze der Atmosphäre für Teilchen mit einer Energie unter $1{,}5 \cdot 10^{10}$ eV, die dem Einfluß des geomagnetischen Feldes unterworfen sind, zu berechnen. Die Methode der Bindungskoeffizienten, die 1954 von L. I. Dorman entwickelt wurde, läßt zusammen mit der Theorie der meteorologischen Effekte eine quantitative Lösung der Aufgabe zu, aus den registrierten Variationen die Veränderungen im primären Spektrum der kosmischen Strahlung an der Grenze der Atmosphäre zu ermitteln.

Breiteneffekt der kosmischen Strahlung. Vor dem Eintritt in die Atmosphäre bewegt sich ein kosmisches Teilchen etwa 0,1 s lang in der Magnetosphäre der Erde. Der Einfluß des geomagnetischen Feldes macht sich dahingehend bemerkbar, daß nur diejenigen Teilchen die Erde erreichen, deren Härte (Rigidity) eine bestimmte minimale Größe R_{min} übertrifft. R_{min} wird als Härteschwelle bezeichnet, sie wird in MV (Millionen Volt) oder GV (Milliarden Volt) gemessen.

Die minimale Rigidity eines Teilchens, das in vertikaler Richtung an einen Punkt mit der geomagnetischen Breite φ gelangen kann, ist gleich $R_{min} = 14{,}9 \cos^4 \varphi$ (in GV).

Die kosmische Strahlung wird im wesentlichen vom inneren Teil des Erdfeldes beeinflußt, der annähernd Dipolcharakter trägt. Im äußeren Teil der Magnetosphäre nimmt die Feldstärke stark ab (etwa nach dem Gesetz $H \sim 1/r^3$, wobei r der Abstand vom Erdmittelpunkt ist)

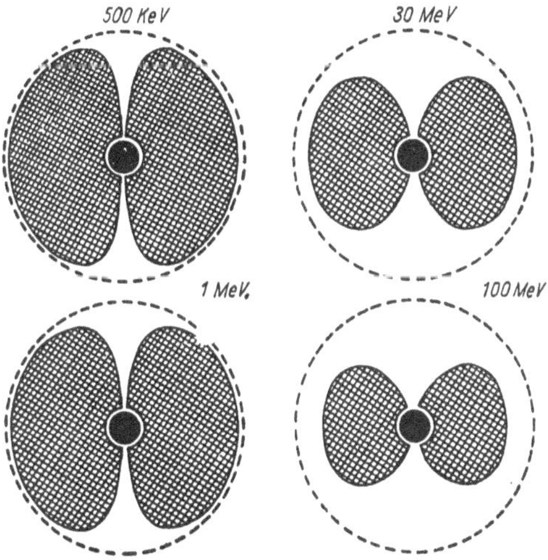

Abb. 17. „Verbotene“ (schraffierte) und „erlaubte“ (nichtschraffierte) Bereiche der Erdmagnetosphäre für Teilchen mit verschiedenen Energien

und hat nur geringen Einfluß auf die Bahn hochenergetischer Teilchen. Das Dipolfeld wirkt etwa so, als ob es die kosmische Strahlung nach den Energien ε_k, nach der Härte R oder dem Impuls p siebt. Deshalb bestehen im geomagnetischen Feld „verbotene" und „erlaubte" Gebiete für das Eindringen von Partikeln verschiedener Energie (Abb. 17).

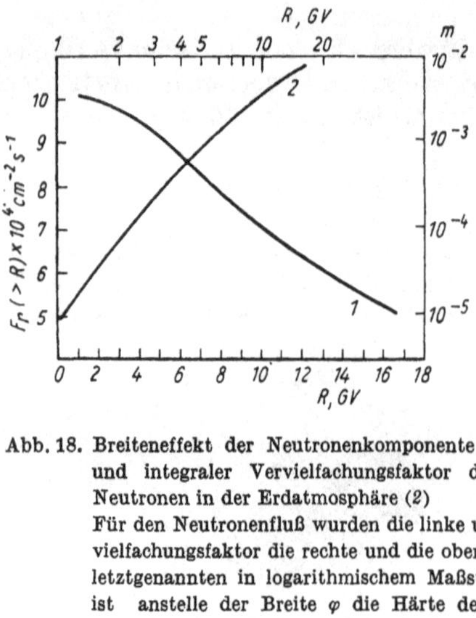

Abb. 18. **Breiteneffekt der Neutronenkomponente auf Meeresspiegelhöhe (1) und integraler Vervielfachungsfaktor der Erzeugung sekundärer Neutronen in der Erdatmosphäre (2)**
Für den Neutronenfluß wurden die linke und die untere, für den Vervielfachungsfaktor die rechte und die obere Skala benutzt (die beiden letztgenannten in logarithmischem Maßstab). In der unteren Skala ist anstelle der Breite φ die Härte der Teilchen $R = 14{,}9 \cos^4 \varphi$ angegeben (φ — Breitengrad des Beobachtungspunktes)

Aus Abb. 17 läßt sich entnehmen, daß in polare Breiten Teilchen sehr geringer Energien gelangen können. Beim Übergang in Richtung Äquator nimmt die minimale Energie (Härte) der Teilchen, die noch bis zu der jeweiligen Breite vordringen können, ständig zu. Somit wirkt im geomagnetischen Feld ein „Abtrenn"-Mechanismus für Teilchen mit einer unter einem Schwellenwert liegenden Energie. Im Ergebnis läßt sich auch bei völliger Abwesenheit irgendwelcher Störungen des primären kosmischen Strahlungsflusses ein sogenannter Breiteneffekt beobachten – eine Zunahme des sekundären Teilchenflusses beim Übergang vom Äquator in Richtung der Pole (Abb. 18).

Diese Zunahme ist für verschiedene Sekundärkomponenten unterschiedlich. Am gründlichsten wurde bisher der Breiteneffekt für Neutronen auf Meeresspiegelhöhe untersucht. Wenn man die Neutronenintensität

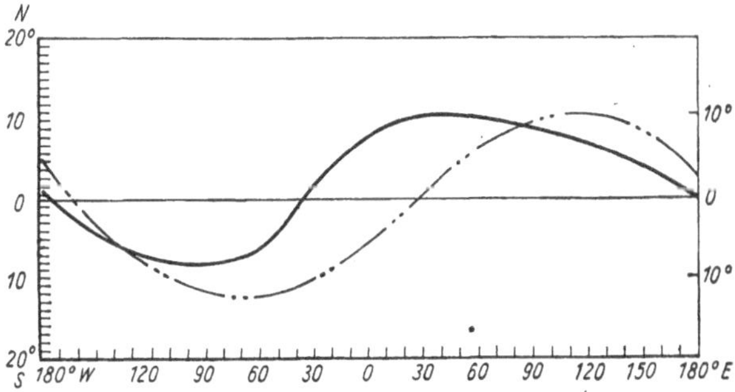

Abb. 19. „Äquator der kosmischen Strahlung" (durchgezogene Linie, aus experimentellen Punkten konstruiert) und geomagnetischer Äquator (gestrichelte Linie) entsprechend dem Dipolmodell des irdischen Magnetfeldes. Man sieht, daß sich die Linien der minimalen Strahlungsintensität und der maximalen Feldstärke nur in zwei Punkten mit dem geographischen Äquator schneiden (vertikal – geographische Breite, horizontal – geographische Länge)

am Äquator gleich 1 setzt, beträgt sie an den Polen etwa 1,8 (vgl. Abb. 18, Kurve *1*). Genau genommen fällt die Linie der minimalen Intensität – der „Äquator der kosmischen Strahlung" – nicht mit dem geographischen Äquator zusammen (wegen der Abweichung der Achse des magnetischen Dipols von der Rotationsachse der Erde), sondern verläuft nahe dem geomagnetischen Äquator, obwohl hier wegen der sehr komplizierten Verteilung des magnetischen Feldes in der Nähe der Erdoberfläche auch keine volle Übereinstimmung besteht (Abb. 19).

Der Breiteneffekt wird von Schiffen[1]), Flugzeugen und Satelliten aus in breitem Umfang untersucht. Diese Untersuchungen sind in erster Linie für die genaue Ermittlung der numerischen Koeffizienten erforderlich, mit deren Hilfe sich die beobachteten Schwankungen der verschiedenen Sekundärkomponenten mit den Schwankungen der primären kosmischen Strahlung verknüpfen lassen. Die Bindungskoeffizienten wurden aus Daten des Breiteneffektes im Rigiditybereich von 1—15 GV berechnet.

Stehen Angaben über das primäre Spektrum $D(R)$ zur Verfügung, so läßt sich aus der Kurve des Breiteneffektes (Abb. 18) die integrale Vermehrungsrate $m^i(R)$ für die Neutronenkomponente berechnen. Dafür reicht es aus, die Gleichung (1) zu differenzieren:

$$m(R) = -\frac{\partial N/\partial R}{D(R)}. \tag{9}$$

Sind andererseits die Werte von m bekannt (z. B. aus theoretischen Berechnungen), läßt sich aus Gleichung (9) leicht das Spektrum der primären kosmischen Strahlung ermitteln, wenn Daten über den Breiteneffekt vorhanden sind:

$$D(R) = -\frac{\partial N/\partial R}{m(R)}. \tag{10}$$

Die Gleichungen (9) und (10) sind besonders wichtig für die Berechnung des Spektrums der Teilchen von Sonneneruptionen. Vom Autor wurde in den Jahren 1966—1970 eine Methode ausgearbeitet, die es gestattet, aus Angaben über den Breiteneffekt der solaren kosmischen Strahlung

---

[1]) In der UdSSR werden Messungen des Breiteneffektes seit 1965 mit Apparaturen an Bord des Forschungsschiffes „Akademik Kurtschatow" durchgeführt. Beispielsweise wurde von Oktober 1971 bis Januar 1972 unter Mitwirkung des Autors ein guter „Schnitt" der Intensität der kosmischen Strahlung im Atlantischen Ozean etwa von 60 Grad nördlicher bis 60 Grad südlicher Breite erhalten.

auf Meeresspiegelhöhe deren Intensität an der Grenze der Atmosphäre zu berechnen. Dazu wurden mit Hilfe der Gleichung (9) die Werte von $m(R)$ ausgerechnet (Abb. 18, Kurve *2*). Setzt man diese Werte in Gleichung (10) ein, erhält man das differentielle Spektrum der solaren Teilchen mit einer Härte über 1 GV. Aus den Werten für das Spektrum in Erdnähe läßt sich das Spektrum für die Strahlungsquelle (in Sonnennähe) ermitteln. Diese Daten sind äußerst wichtig für die Klärung der Beschleunigungsgesetze der Teilchen in Sonneneruptionen.

Der Breiteneffekt ist nicht die einzige Möglichkeit zur Berechnung der Vermehrungsrate. Es läßt sich dazu auch die Theorie der nuklearen Wechselwirkungen der kosmischen Strahlung in der Atmosphäre heranziehen. Dabei muß man berücksichtigen, daß die nach Gleichung (9) berechneten empirischen Werte für m von den tatsächlichen Werten um nicht mehr als den Faktor 2 abweichen.

Die oben beschriebene Methode der integralen Vermehrungsrate erweist sich als sehr nützlich für die Untersuchung des Spektrums solarer Teilchen in Erdnähe. Die auf diese Weise erhaltenen Spektren stimmen gut mit den Ergebnissen direkter Messungen in den Energiebereichen überein, wo sich die Ergebnisse verschiedener Meßmethoden überdecken.

Als Beispiel ist in Abb. 20 das integrale Spektrum der solaren Teilchen an der Grenze der Atmosphäre im Moment des Eruptionsmaximums am 28. Januar 1967 dargestellt. Es ist zu sehen, daß sich nach Messungen in der Stratosphäre (Dreiecke) ein Spektrum mit der gleichen Neigung ergibt wie nach Beobachtungen am Erdboden (Punkte). Mit einem Kreuz ist die Intensität der Teilchen mit $R > 0{,}45$ GV nach Riometermessungen angegeben.

Wie wir schon in Abb. 3 gesehen haben, besitzt das Spektrum der solaren kosmischen Strahlung (*3*) eine stärkere Neigung als das der galaktischen Strahlung (*4*). Das bedeutet, daß für große Rigidity-Werte der Fluß der solaren Partikel gering ist, obwohl er den Untergrund der galaktischen Strahlung übertrifft. Die Registrierung solcher Partikel mit direkten Verfahren führt deshalb zu großen Fehlern, wodurch die Analyse von Eruptionen erschwert wird. Die Vervielfachung der Teilchen in der

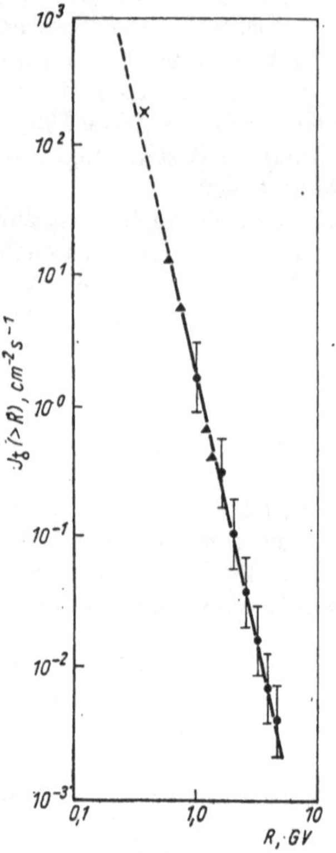

Abb. 20. **Integrales Rigidityspektrum der solaren Teilchen für den Zeitpunkt des Eruptionsmaximums am 28. Januar 1967 nach Messungen an der Erdoberfläche**

Atmosphäre erleichtert die Lage etwas. Insbesondere läßt sich für die Ermittlung des Spektrums die Methode der integralen Vermehrungsrate verwenden. Obwohl diese Methode nur Ergebnisse mit einer Genauigkeit bis zum Faktor 2 liefert, erweist sich diese Genauigkeit, wie man aus Abb. 20 entnehmen kann, doch als ausreichend für eine gute Übereinstimmung der mit verschiedenen unabhängigen Methoden gemessenen Spektren.

Stoßzonen für geladene Teilchen im geomagnetischen Feld. Bei der Untersuchung der solaren kosmischen Strahlung wurde noch eine interessante Eigenschaft des geomagnetischen Feldes entdeckt. Ist der Fluß der solaren Teilchen anisotrop (d. h., die Teilchen verlassen die Sonne innerhalb eines kleinen Raumwinkels), so zerteilen sich ihre Bahnen im geomagnetischen Feld in einzelne Gruppen, die beim Auftreffen auf die Erdoberfläche sogenannte Stoßzonen bilden.

Am wichtigsten ist die Bildung dreier gut ausgeprägter Stoßzonen: der Neunuhrzone (d. h. der Zone, die einer Ortszeit von 9 Uhr entspricht), der Vieruhrzone und der Zweiundzwanziguhrzone. Außerdem existiert eine vierte Zone, eine Untergrundzone, die den ganzen Bereich im Breitenintervall von etwa 28—78° erfaßt. Wenn im Fluß der solaren kosmischen Strahlung die Zahl der Teilchen von der Energie unabhängig wäre, ergäbe sich in den drei Hauptstoßzonen ein Intensitätsverhältnis von 7 : 3 : 1. Bekanntlich nimmt aber im Spektrum der solaren kosmischen Strahlung die Teilchenzahl mit wachsender Energie ab. Die Intensitätsverteilung in den Stoßzonen ist deshalb komplizierter. Beispielsweise ist in einigen Fällen in mittleren geomagnetischen Breitengraden der solare Teilchenfluß maximal in der Zwanziguhrzone. Auch der Fall ist möglich, daß die Intensität in allen drei Zonen vergleichbar ist.

Es muß betont werden, daß sich diese Ergebnisse auf die Intensität der kosmischen Strahlung an der Grenze der Atmosphäre beziehen. Berücksichtigt man die Transformation des Spektrums in der Atmosphäre, die unterschiedliche Empfindlichkeit der Meßapparaturen in verschiedenen Spektralbereichen und einige andere Umstände, so erhält man an der Erdoberfläche eine Intensitätsverteilung, die sich von der berechneten stark unterscheiden kann. Die Nichtidentität der Rotationsachse der Erde mit der Achse des magnetischen Dipols führt zu 24stündigen und jahreszeitlichen Variationen der Lage der Stoßzonen.

Die Theorie der Stoßzonen für ein Dipolfeld erwies sich als sehr nützlich für die Untersuchung der solaren kosmischen Strahlung. Andererseits wurde Ende der fünfziger Jahre klar, daß zur Erforschung der Feinstruktur der Eruptionen die reale Verteilung des geomagnetischen Feldes, die sich merkbar von einem Dipol unterscheidet, berücksichtigt werden muß. Dazu ist es erforderlich, die individuellen Bahnen der in bestimmten Punkten der Erdoberfläche auftreffenden Partikel zu berechnen. Diese Berechnungen erwiesen sich als sehr kompliziert und setzten den Einsatz elektronischer Rechenmaschinen voraus. Umfangreiche Berechnungen der vertikalen Cutoff-Rigidity unter Benutzung von EDVA führten zum Begriff der „asymptotischen Kegel" des Teilcheneinfalls im realen geomagnetischen Feld. Der Begriff „Kegel" ist natürlich nicht wörtlich zu verstehen, es ist dies ein bestimmter Raumwinkel, in dessen Grenzen sich die Bahnen der Teilchen bewegen, die aus dem Unendlichen auf die Atmosphärengrenze über dem jeweiligen Beobachtungsstandpunkt senkrecht oder unter einem Zenitwinkel von $\xi \lesssim 30°$ auftreffen. Der Weg, den das Teilchen im geomagnetischen Feld zurücklegt, ist sehr kompliziert und „gewunden" (Abb. 21, a—c).

→

Abb. 21. Bahn eines kosmischen Teilchens im Erdmagnetfeld in der meridionalen (a) und äquatorialen (b) Ebene; c – Querschnitte der asymptotischen Einfallskegel von 12 Neutronenmonitoren.

1 – Teilchenbahn; *2* – angenommene Grenze der Magnetosphäre; λ – geomagnetische Breite; ξ – Zenithwinkel des Teilcheneinfalls; *N* und *S* – geomagnetischer Nord- und Südpol; die Punkte *A* und *B* entsprechen der asymptotischen Breite und Länge der Beobachtungsstation *C*.

Die Punkte in c zeigen die effektive Richtung (Breite und Länge „aus Unendlich"), aus der die Teilchen jeden der Detektoren erreichen (vertikal – geographische Breite, horizontal – geographische Länge)

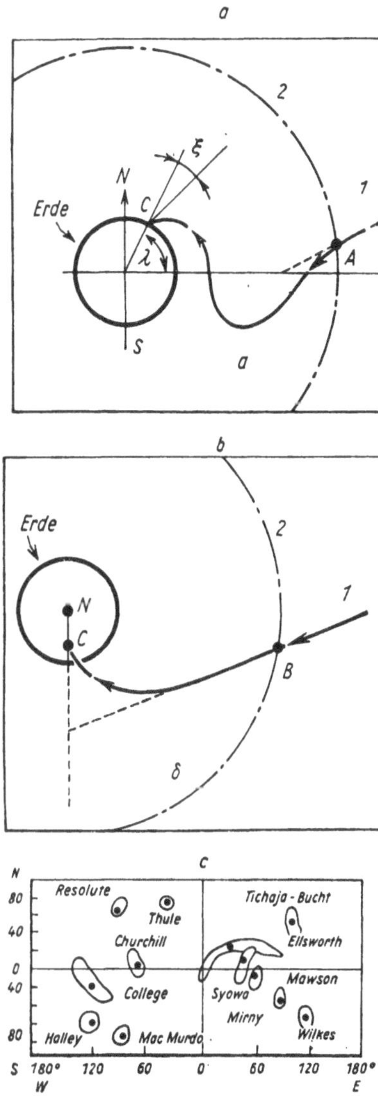
a
Erde
N
S
C
λ
ξ
2
1
A
a
b
Erde
N
C
2
1
B
δ
c
N
80
40
0
40
80
S
Resolute
Thule
Churchill
College
Holley
Mac Murdo
Tichaja - Bucht
Ellsworth
Mawson
Syowa
Mirny
Wilkes
180°
120
60
0
60
120
180°
W
E

Deswegen unterscheiden sich asymptotische Länge und Breite des Beobachtungspunktes stets von dessen geographischen Koordinaten.

In Abb. 21c sind „Schnitte“ der asymptotischen Kegel für 12 Neutronenmonitore dargestellt. Sie wurden ermittelt für Teilchen mit einer Härte von 1—5,74 GV, die auf den jeweiligen Meßpunkt unter einem Zenitwinkel von $\xi \leqq 32°$ auftreffen. Wie man aus der Form der Kegelschnitte sieht, unterscheiden sich für einige Stationen die asymptotischen Bereiche des Teilcheneinfalls stark von einem kreisförmigen geraden Kegel. Es ist wichtig, diese Tatsache bei der Untersuchung der kurzzeitigen Anisotropien der kosmischen Strahlung und der Struktur des interplanetaren Magnetfeldes in Erdnähe zu berücksichtigen. Das gilt besonders für die Anfangsphasen von Sonneneruptionen.

Zum Ende der fünfziger — Anfang der sechziger Jahre, als die Erforschung der Sonneneruptionen in eine neue Phase eintrat (durch Benutzung von Raketen und Satelliten), leisteten die Beobachtungen von der Erde aus in Verbindung mit der Theorie der Stoßzonen und unter Berücksichtigung der asymptotischen Einfallskegel der Teilchen auch den Kosmosphysikern gute Dienste. So wurde beispielsweise aus Ergebnissen von Beobachtungen an der Erdoberfläche während der starken Eruptionen im Mai und November 1960 festgestellt, daß der Strom solarer Teilchen sich im wesentlichen unter einem Winkel von 50° westlich von der Sonnenrichtung auf die Erde zu bewegte. Derartige Abweichungen des Teilchenstroms in westlicher Richtung von der Verbindungslinie Erde—Sonne bildeten den Ausgangspunkt für die Hypothese über die Existenz eines interplanetaren Magnetfeldes, das durch die Rotation der Sonne in der Art einer Archimedesspirale „aufgerollt“ ist. Daß so ein quasiradiales interplanetares Magnetfeld tatsächlich vorhanden ist, wurde später durch direkte Messungen mittels Satelliten und Weltraum-Raketen bestätigt.

Kosmische Strahlung und Veränderungen des Magnetfeldes der Erde. Bislang war die Rede von den Besonderheiten der Bewegung kosmischer Partikel im realen geomagnetischen Feld ohne Berücksichtigung der in ihm durch die Einwirkung des Sonnenwindes auftretenden Störungen. Messungen von solaren Protonen in polaren Breiten zeigten, daß in diesen Gebieten sogar an magnetisch ruhigen Tagen die Cutoff-Rigidity allgemein erheblich niedriger liegt, als aus Rechnungen folgt, in denen die reale Verteilung des geomagnetischen Feldes entsprechend den Daten von Messungen an der Erdoberfläche berücksichtigt wird. Rechnungen zeigen, daß sich diese Divergenz von Theorie und Praxis durch das Vorhandensein einer variablen Komponente des geomagnetischen Feldes erklären läßt, die eine wichtige Rolle in einiger Entfernung von der Erdoberfläche zu spielen beginnt.

Die Herabsetzung der Cutoff-Rigidity wurde erstmalig durch eine Gruppe amerikanischer Wissenschaftler während des magnetischen Sturmes im Juli 1959 durch Stratosphärenmessungen in der Nähe der Stadt Minneapolis (USA) festgestellt.

Sehr interessante analoge Messungen wurden am 12. Juli 1961 von einer anderen Forschergruppe in der Nähe der Stadt College (Alaska) durchgeführt. An diesem Punkt werden an magnetisch ruhigen Tagen gewöhnlich Protonen mit $\varepsilon_k \gtrsim 15$ MeV ($R \gtrsim 0{,}168$ GV) registriert. Während des Magnetsturmes verringerte sich die Schwellenenergie auf $\varepsilon_k \sim 1$ MeV ($R = 0{,}0433$ GV).

Die Nichtübereinstimmung von Theorie und Experiment versuchten die Forscher auf zwei Ursachen zurückzuführen: das Auftreten eines Ringstromes um die Erde und die Kontraktion der Magnetosphäre.

Der Kontraktionseffekt der Magnetosphäre durch den Sonnenwind wird gut durch Abb. 4 illustriert. Dagegen ist der Ringstrom eine kompliziertere, mit elektrodynamischen Prozessen der in Gürteln eingefangenen Strahlung verbundene Erscheinung. In den Strahlungsgürteln umgürtet der Strom geladener Teilchen die Erde und bildet so einen Stromring. Dieser Strom erzeugt ein eigenes, dem Erdfeld entgegengesetztes magnetisches Feld, so daß sich im Ergebnis das summierte Feld in größerer Entfernung von der Erdoberfläche (im Bereich der polaren Feldlinien) verringert. Das führt zu einer Abnahme der Schwellenhärte (Cutoff-Rigidity) an der jeweiligen Stelle in hohen Breiten um den Faktor $k = 1/(1 + M_R/M_E)$, wobei M_E das magnetische Moment der Erde von $8{,}1 \cdot 10^{25}$ Gauss $\cdot$ cm^3 sowie M_R das magnetische Moment des Ringstromes ist.

Rechnungen zeigen, daß M_R/M_E nicht größer als 1 sein kann. Daraus folgt, daß der Ringstrom allein die Schwellenhärte nicht um mehr als den Faktor 2 verringern kann. Die beobachteten Werte von k liegen aber meist um 0,2, was einem übermäßig großen Wert für $M_R/M_E = 4$ entsprechen würde. Oftmals werden tatsächlich noch niedrigere Werte von k beobachtet. In dem angeführten Beispiel vom 12. Juli 1961 wurde $k = 0{,}09$ erhalten, woraus sich $M_R/M_E = 10$ ergäbe, was völlig ausgeschlossen ist.

Im Fall der Magnetosphärenkontraktion liegt der Grund für die Verringerung der Schwellenhärte etwas anders als im Fall des Ringstroms. Die Kontraktion der Magnetosphäre setzt den Winkel zwischen der Dipolachse und den polaren Feldlinien herab, wodurch das Eindringen energieärmerer Partikel ermöglicht wird. Aber auch damit läßt sich die Verringerung der Härteschwelle nicht vollständig erklären. Die Lage wird etwas einfacher, wenn man nur die senkrecht einfallenden Teilchen berücksichtigt. Im gegebenen Falle läßt sich die Schwellwertverringerung durch eine vernünftige Kombination beider Störprozesse erklären.

Die Untersuchung dieser Frage ist zweifellos von praktischem Interesse. Mit Geräten zur Messung der Radiowellenabsorption läßt sich nämlich die Grenze des Polarkappenbereichs (geomagnetische Breite etwa $\gtrsim 65°$) von der Seite der niedrigen Breiten her nicht genau bestimmen. Die Ermittlung dieser Grenze ist aber für die Prognose von Funkstörungen, in polaren Breiten bei solaren Partikeleruptionen sehr wichtig. Wie schon erwähnt wurde, gehen diese Störungen auf starke Ströme solarer Protonen mit Energien bis zu $\varepsilon_k \sim 1$ MeV zurück, die in die polare Ionosphäre eindringen. Numerische Bahnberechnungen, die mit EDVA für Protonen mit $\varepsilon_k = 1{,}2$ MeV durchgeführt wurden, zeigen, daß ein sogenanntes polares Plateau existiert, ein Bereich von unregelmäßiger Form, der wohl für alle kosmischen Teilchen mit Energien über 1 MeV zugänglich ist. Dieser Bereich erstreckt sich vom Pol bis zu einer Breite von 65° auf dem Mitternachtsmeridian, bis etwa 75° auf dem Mittags- und Morgenmeridian und bis etwa 70° auf dem Abendmeridian. Ein Vergleich mit Meßdaten, die an Bord von Satelliten mit Polarbahnen gewonnen wurden, bestätigt die Richtigkeit dieser Berechnungen.

4. Kosmische Strahlung im interplanetaren Raum

Was ist Sonnenwind? Es wurde bereits erwähnt, daß in dynamischen Prozessen im interplanetaren Raum eine entscheidende Rolle dem Sonnenwind zukommt — einem kontinuierlich aus der expandierenden Sonnenkorona austretenden Plasmastrom (im wesentlichen Protonen und Elektronen). Wie kam es zu Vermutungen über die Existenz dieses Windes, und welches sind seine Eigenschaften?

Im Jahre 1896 stellte der norwegische Forscher O. K. BIRKELAND die Hypothese auf, daß die Sonne neben Licht auch eine Korpuskularstrahlung emittiert, deren Geschwindigkeit fast um den Faktor Tausend geringer ist als die Lichtgeschwindigkeit. Beim Eindringen in die Erdatmosphäre ruft diese Strahlung magnetische Stürme und Polarlichter hervor. Später erhielt diese Korpuskularstrahlung auf Vorschlag des Amerikaners

E. Parker die Bezeichnung Sonnenwind. Der Sonnenwind weht ununterbrochen im Sonnensystem und umströmt die Erde mit einer Geschwindigkeit von 300—500 km/s.

Einige Jahrzehnte lang untersuchten Wissenschaftler verschiedener Fachgebiete dieses Phänomen durch Beobachtung von Kometenschweifen und Variationen der galaktischen kosmischen Strahlung, durch Untersuchung der Ausbreitung der solaren kosmischen Strahlung, der geomagnetischen Aktivität und der Polarlichter.

Die bis vor kurzem angewendeten Methoden trugen indirekten Charakter. Die Informationen über die Eigenschaften des Sonnenwindes stimmten aber so gut überein, daß kein Zweifel an dessen realer Existenz bestand und auch die Geschwindigkeit dieses Windes und die Feldstärken des von ihm getragenen Magnetfeldes relativ zuverlässig bekannt waren. Es wurde bewiesen, daß der Sonnenwind sich radial von der Sonne weg bewegt. Bereits 1959 wurden mit Hilfe der kosmischen Strahlung Inhomogenitäten des magnetischen Feldes im Sonnenwind beobachtet — magnetische Wolken, an denen die Teilchen gestreut wurden.

Gegenwärtig ist es mit Hilfe interplanetarer Stationen möglich, die physikalischen Eigenschaften des Sonnenwindes direkt und detaillierter zu erforschen. Als wichtigste erwiesen sich die Geschwindigkeit u und die Konzentration der Protonen n_p. So ergaben sich beispielsweise für September — Dezember 1962 folgende gemittelte Werte für diese Parameter: $\bar{u} = 500$ km/s, $\bar{n}_p = 5$ Teilchen/cm^3. Die Grenzwerte waren $n_p = 0{,}5-50$ Teilchen/cm^3 und $u = 400-750$ km/s, wobei in einigen Perioden die Geschwindigkeit auch auf 300 km/s absank.

Benutzt man die über jeweils 27 Tage (Rotationsperiode der Sonne) gemittelten Werte für die Geschwindigkeit u des Sonnenwindes, so zeigt sich, daß die Änderung der Protonenkonzentration n_p umgekehrt proportional der Änderung von u ist. Die Teilchenkonzentration nimmt bei Annäherung an die Sonne stark zu, während die

Geschwindigkeit praktisch nicht von der Entfernung abhängt. Bereits daraus ist zu ersehen, daß selbst der ruhige Sonnenwind ein dynamisches, veränderliches und schwierig zu erforschendes Objekt darstellt.

Für die Untersuchung der Schwankungen der kosmischen Strahlung ist von großer Bedeutung, daß das Plasma des Sonnenwindes Träger eines Magnetfeldes ist und es im interplanetaren Raum bewegt. Die Feldstärke dieses Magnetfeldes ist räumlich und zeitlich variabel und schwankt in den Grenzen von 10^{-5} und 10^{-6} Gauss. Die mittlere Feldstärke im ruhigen Sonnenwind erwies sich in Erdnähe als etwa $5 \cdot 10^{-5}$ Gauss. Die Feldlinien der regulären Komponente des Feldes haben die Form einer Archimedesspirale, wie bereits früher nach den Daten über die Ausbreitung der solaren kosmischen Strahlung festgestellt wurde. Neben dem regulären Feld wurde auch ein breites Spektrum magnetischer Inhomogenitäten festgestellt — genau so, wie es aus den Daten über die Ausbreitung der kosmischen Strahlung im interplanetaren Raum folgt.

Periodische Schwankungen der kosmischen Strahlung. Aus bisher noch ungeklärten Ursachen zeichnet sich die Aktivität unserer Sonne durch starke Unbeständigkeit (wenn man kurze Zeiträume betrachtet) und andererseits durch annähernde Periodizität (wenn man Perioden von einigen Jahren betrachtet) aus. Als Maß für die Aktivität dient gewöhnlich die Anzahl der Sonnenflecken[1]), deren Entdeckung bereits auf GALILEI zurückgeht. Die Zahl der Sonnenflecken variiert mit einer Periode von annähernd

---

[1]) Die Menge der Sonnenflecken auf der Sonnenscheibe wird durch die WOLFsche Zahl W charakterisiert. Diese ist der Gesamtfläche proportional, die zum Beobachtungszeitpunkt von den Flecken eingenommen wird. Man ermittelt sie durch Auszählung der Flecken und der Gruppen, in denen sich die Flecken gewöhnlich anordnen, und zwar ist $W = 10g + f$, wobei g die Zahl der Gruppen und f die Zahl der Einzelflecken ist. Diese Zahl wurde Mitte des vorigen Jahrhunderts von RUDOLPH WOLF, einem lange Zeit in Zürich tätig gewesenen Österreicher, in die astronomische Praxis eingeführt, ausgehend davon, daß die Bestimmung der Fläche der Sonnenflecken wesentlich aufwendiger ist als die Ermittlung ihrer Zahl bzw. der Zahl ihrer Gruppen.

11 Jahren. Die Flecken selbst, die in Sonnenbreiten von etwa $\pm 30°$ entstehen, verlagern sich dabei langsam zum Äquator (Abb. 22).

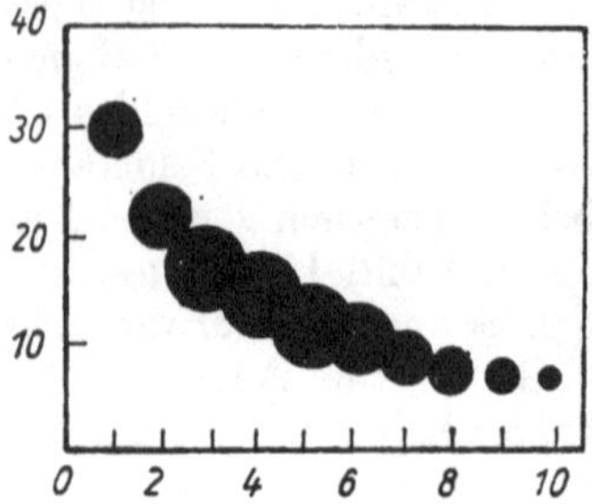

Abb. 22. Änderungen der Sonnenfleckenzahl und ihrer heliographischen Breiten in der Periode des elfjährigen Zyklus der Sonnenaktivität (vertikal – heliographische Breite in Grad, horizontal – Zahl der seit dem Sonnenfleckenminimum vergangenen Jahre; der Durchmesser der Kreisscheiben ist der Anzahl der Sonnenflecken proportional)

Die Stärke des Sonnenwindes ist ebenfalls Schwankungen mit einer Periode von etwa 11 Jahren unterworfen. Da die interplanetaren Magnetfelder untrennbar mit dem Plasma des Sonnenwindes verbunden sind, hängt ihre Energie zwangsläufig vom allgemeinen Niveau der Sonnenaktivität ab.

Diese Tatsache an sich ist für das Auftreten von Schwankungen der kosmischen Strahlung noch nicht ausreichend. Wenn sich die durch den Sonnenwind gebildeten magnetischen Inhomogenitäten nicht im Raum fortbewegten, würde sich einige Zeit nach ihrem Auftreten in Erdnähe ein zeitlich konstanter und räumlich isotroper Fluß der kosmischen Strahlung einstellen. Die entscheidende Bedingung für das Auftreten von Schwankungen der kosmischen Strahlung im Sonnensystem ist die Fortbewegung der magnetischen Inhomogenitäten radial von der Sonne weg mit der Geschwindigkeit des Sonnenwindes.

Der Fluß der magnetischen Inhomogenitäten strebt danach, die galaktische kosmische Strahlung aus dem interplanetaren Raum „herauszufegen“. Wenn dieser

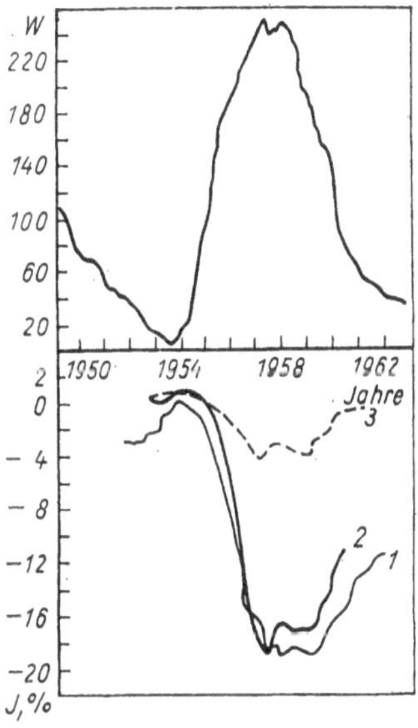

Abb. 23. Elfjährige Variation der Sonnenaktivität (Zahl der Sonnenflecken *W*) und der kosmischen Strahlung (*I* %) nach Beobachtungsergebnissen von Stationen in hohen (*1*) und mittleren (*2*) Breiten sowie in Äquatornähe (*3*)
Kurve *3* charakterisiert die Intensitätsvariationen von Teilchen hoher Energien über 15 GeV (d. h. 15 Mrd. eV), Kurve *2* von Teilchen mit Energien bis zu 3 GeV und Kurve *3* die Intensitätsvariationen bei Berücksichtigung aller Energien einschließlich sehr geringer

Fluß nachläßt (bei Abnahme der Sonnenaktivität), füllt die kosmische Strahlung den Raum wieder stärker aus, und dieser Prozeß wiederholt sich regelmäßig alle 11 Jahre. Die radiale Ausbreitung der Inhomogenitäten führt nicht nur zu einem Ausfegen, sondern auch zu einem gewissen Energieverlust für die Teilchen, denen es gelingt, aus der

Galaxis in das Sonnensystem einzudringen. All das führt zu einer Abnahme der Intensität der kosmischen Strahlung mit zunehmender Sonnenaktivität.

Aus dem Gesagten ist klar, daß zwischen dem Aktivitätsniveau (der Zahl der Sonnenflecken) und der Intensität der kosmischen Strahlung stets eine reziproke Abhängigkeit besteht (Abb. 23). Dabei spiegeln sich die Schwankungen in der Stärke des Sonnenwindes (d. h. die Schwankungen von u und n_p) in der kosmischen Strahlung mit einer gewissen Verzögerung wider. Offensichtlich ist diese Verzögerung um so größer, je größer das Gebiet ist, das der Sonnenwind einnimmt, und je kleiner seine Geschwindigkeit ist. Ein analoger reziproker Zusammenhang besteht zwischen der Intensität der kosmischen Strahlung und der Geschwindigkeit des Sonnenwindes in den verschiedenen Perioden der Sonnenaktivität. (Abb. 24). Die Untersuchung des Zusammenhanges zwischen den Schwankungen der Sonnenaktivität und denen der kosmischen Strahlung liefert Informationen darüber, wo der Sonnenwind aufhört, d. h., in welcher Entfernung von der Sonne die „ausfegende" Wirkung der Magnetfelder des Sonnenwindes auf die kosmische Strahlung endet. Dies ist gegenwärtig eine der zentralen Fragestellungen in der Wissenschaft von den Variationen der kosmischen Strahlung. Wir gehen auf sie an etwas späterer Stelle ein, nach der Beschreibung anderer Arten durch die Sonnentätigkeit verursachter Schwankungen.

Im Leben der Sonne gibt es außer dem 11jährigen Zyklus noch eine andere charakteristische Periode — die etwa 27 Tage betragende Periode ihrer Umdrehung um die eigene Achse. Wäre die Sonne ein idealer Generator des Sonnenwindes mit strenger elfjähriger Periode, so wäre die Tatsache der 27tägigen Rotation an sich für die Schwankungen der kosmischen Strahlung ohne Bedeutung.

In der brodelnden Atmosphäre der Sonne ist aber die Aktivität der einzelnen Gebiete (in Bezug auf die Länge gesehen) unterschiedlich. „Heißere" Bereiche emittieren einen schnelleren und intensiveren Sonnenwind als relativ „kalte" Bereiche. Die Asymmetrie im Fluß des Sonnenwindes führt zur Asymmetrie im Fluß der magnetischen Inhomogenitäten. Da derartige Asymmetrien

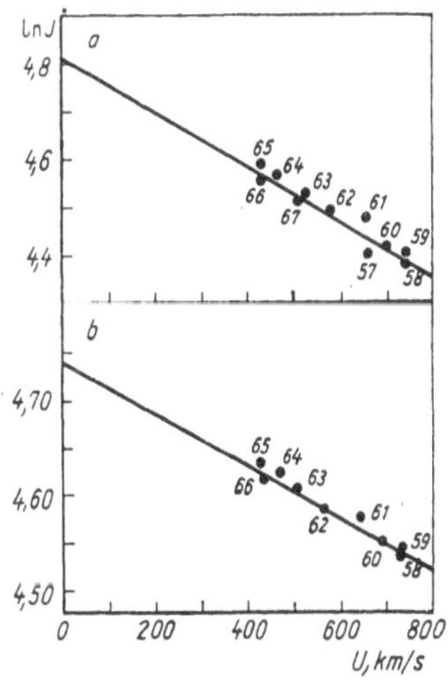

Abb. 24. Korrelation zwischen den Geschwindigkeitsänderungen des Sonnenwindes $\bar{u}(t)$ und den beobachteten Intensitätsveränderungen der kosmischen Strahlung ln I für die Stationen Deep River (a) und Norikura (b). Die Zahlen im Diagramm geben die Beobachtungsjahre an

über viele Rotationsperioden der Sonne hinweg existieren können, treten in der Intensität der kosmischen Strahlung Schwankungen mit einer 27tägigen Periode auf (Abb. 25).

Abbildung 25 zeigt, daß die Einführung einer Temperaturkorrektur die 27tägige Welle, die 1951/52 bei relativ hohem Niveau der Sonnenaktivität beobachtet wurde, weniger ausgeprägt erscheinen läßt. Analoge Daten für die Periode minimaler Sonnenaktivität (1954/55) lassen erkennen, daß in diesen Jahren die

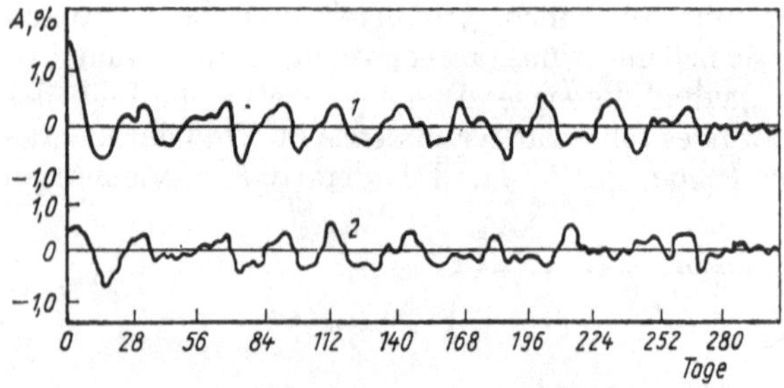

Abb. 25. Kurven der 27tägigen Schwankungen der Mesonenkomponente A% nach in den Jahren 1951/52 in Jakutsk erhaltenen Beobachtungsergebnissen.

1 – ohne Korrektur des Temperatureinflusses; *2* – unter Berücksichtigung des Temperatureffektes

27tägigen Schwankungen fast ausschließlich auf Temperatureffekte zurückzuführen sind.

Die 27tägigen Schwankungen sind in erster Linie deshalb von Interesse, weil sie die Asymmetrie der Sonnenaktivität nachweisen und Informationen über die Änderungen dieser Asymmetrie im Verlauf des Sonnenzyklus geben. Außerdem sind diese Schwankungen wichtig für die Erforschung des gesamten Fragenkomplexes zum Problem der Sonne-Erde-Beziehungen. So ist z. B. ein relativ enger Zusammenhang zwischen den 27tägigen Variationen und dem generellen Niveau der solaren (W) und geomagnetischen (K_p-Index) Aktivität vorhanden (Abb. 26), obwohl im Detail keine volle Übereinstimmung besteht.[1])

In den letzten Jahren wurde auch die Jahresvariation der kosmischen Strahlung aufmerksamer untersucht.

---

[1]) Der K_p-Index gibt die Größe der Störung des Erdmagnetfeldes für dreistündliche Messungen in bezug auf das mittlere (nichtgestörte) Niveau wieder. Nach der relativen internationalen Skala können die K_p-Werte zwischen 0 (ruhiges Feld) und 9 (äußerst gestörtes Feld) liegen. Für entsprechende Untersuchungen werden oft die Summen der K_p-Werte für einen Tag, einen Monat, ein Jahr usw. verwendet.

Ihre Ursache liegt in folgendem. Die Ebene der Erdbahn ist gegen die Ebene der Ekliptik (d. h. die Ebene des Sonnenäquators) um einen Winkel von 7° geneigt. Diese relativ geringe Neigung wirkt sich auf die Intensität der

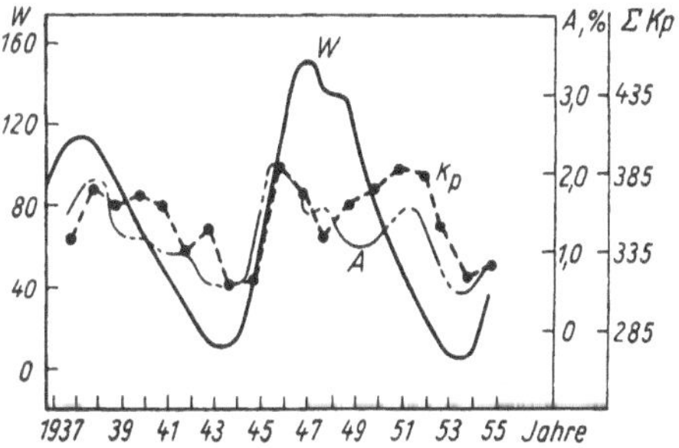

Abb. 26. Änderungen der Sonnenfleckenzahl W, der Amplitude der 27tägigen Schwankungen der harten Komponente A % in Äquatornähe (Station Huancayo) und der magnetischen Aktivität (Jahressumme des K_p-Indexes) für die Periode 1937–1955

kosmischen Strahlung aus. Im Verlaufe des Jahres verändert die Erde bei ihrer Bewegung um die Sonne ständig ihre Heliobreite, d. h., sie wird gewissermaßen auf immer andere und in ihrer Aktivität unterschiedliche Bereiche der Sonne projiziert.

Wie wir bereits aus Abb. 22 sahen, ist die Aktivität der Sonne entlang ihrer Breite nicht konstant, daher ist die Stärke der kosmischen Strahlung für die Erde in den verschiedenen Bereichen ihrer Bahn auch unterschiedlich. Dadurch läßt sich der sogenannte Quergradient der kosmischen Strahlung ermitteln, d. h. die Änderung ihrer Intensität (in %) je astronomische Einheit beim Entfernen von der Ebene der Ekliptik. Die aus den jährlichen Variationen ermittelten Quergradienten erwiesen sich als gering; das kann bedeuten, daß der Sonnenwind ein nahezu sphärisches Gebiet einnimmt.

Mehrfach wurde versucht, in der kosmischen Strahlung Schwankungen mit anderen, sich von 27 Tagen etwas unterscheidenden Perioden nachzuweisen. Die Existenz solcher Schwankungen ist sehr problematisch: Ihre mögliche Amplitude ist gering, und ihr Nachweis unter den anderen Störungen des kosmischen Strahlungsflusses mit größerer Amplitude ist schwierig.

Anisotropie der kosmischen Strahlung. Ein wichtiges Charakteristikum der kosmischen Strahlung ist ihre Anisotropie, d. h. die Abhängigkeit der Intensität der kosmischen Strahlung von der Richtung, in der das jeweilige Meßinstrument ausgerichtet ist. Sie kann ververschiedene Ursachen haben. Man unterscheidet Anisotropien galaktischer, solarer und lunarer Herkunft. Dabei wird davon ausgegangen, daß die Intensität der kosmischen Strahlung auf der Erde als Resultat ihrer Rotation zeitlichen Schwankungen unterworfen ist, deren Periode jeweils einem Sternen-, Sonnen- oder Mondtag entspricht.

Das Auftreten von Variationen mit dem Rhythmus des Mondtages läßt sich folgendermaßen erklären: Die Gravitationskräfte des Mondes und der Sonne wirken auf das Plasma der irdischen Magnetosphäre ein.[1]) Die Feldlinien des geomagnetischen Feldes sind im Plasma „eingefroren“ und bewegen sich mit diesem unter dem Einfluß der gezeitenerzeugenden Kraft. Im verzerrten geomagnetischen Feld sind auch die Schwellenwerte für die Rigidity der eindringenden Teilchen verändert. Als Ergebnis treten Schwankungen der kosmischen Strahlung mit einer Periode auf, die dem Mondtag (etwa 28 Tage) entsprechen. Berechnungen zeigen, daß eine Veränderung des geomagnetischen Feldes um 1% Schwankungen der Neutronenintensität in mittleren Breitengraden um etwa 2% auf Meeresspiegelhöhe und um etwa 4% in Hochgebirgslagen zur Folge haben muß. (Diese theoretischen Abschätzungen wurden experimentell bestätigt).

---

[1]) Das Plasma der Magnetosphäre besteht hauptsächlich aus Teilchen (Elektronen), die sich in den Strahlungsgürteln der Erde befinden. Manchmal wird dieser Plasmagürtel auch als Plasmasphäre der Erde bezeichnet.

Natürlich ist das reale Bild der Veränderungen des geomagnetischen Feldes unter der Einwirkung der gezeitenbildenden Kräfte des Mondes und der Sonne weitaus komplizierter, besonders wenn man die Erdumdrehung berücksichtigt. Dennoch geben die bisher erhaltenen Daten über die mondtäglichen Schwankungen eindeutige Hinweise darauf, daß in den äußeren, an den interplanetaren Raum grenzenden Bereichen der irdischen Plasmasphäre tatsächlich gezeitenartige Bewegungen des Plasmas und des Magnetfeldes vor sich gehen.

Um diese für die Physik der Magnetosphäre sehr interessanten Erscheinungen genauer untersuchen zu können, müssen detaillierte theoretische Berechnungen sowie direkte Messungen der mondtäglichen Variationen des Magnetfeldes der Erde in großen Höhen und des interplanetaren Magnetfeldes in Erdnähe durch Satelliten und Raketen durchgeführt werden. Eines der möglichen Experimente ist die Messung der Konzentrationsschwankungen von schnellen Elektronen in den Strahlungsgürteln, da sich mit den Feldlinien auch die Strahlungsgürtel verlagern müssen. Dabei ist es wichtig, die mondtägliche Welle in „reiner Form“ zu erhalten und dazu den Einfluß anderer Störungen der Magnetosphäre während starker Böen des Sonnenwindes aus den Meßergebnissen zu eliminieren.

Während die mondtäglichen Schwankungen der kosmischen Strahlung für die Magnetosphärenphysik wichtig sind, haben die sonnentäglichen Variationen große Bedeutung für die Erforschung der elektromagnetischen Bedingungen im interplanetaren Raum. Diese Bedingungen sind zeitlich sehr variabel und werden letzten Endes durch die Sonnentätigkeit bestimmt.

Die sonnentäglichen Variationen haben nur eine geringe Amplitude in der Größenordnung von einigen Zehntel Prozent (Abb. 27). Natürlich gibt die auf der Abbildung dargestellte gemittelte Kurve die Feinheiten der sonnentäglichen Schwankungen nicht wieder. In Wirklichkeit überlagern sich verschiedene tägliche Variationen auf komplizierte Weise. Dabei treten auch falsche tägliche Variationen auf. Beispielsweise können die 27tägigen Perioden die sonnentägliche Welle so verzerren, daß sie fälschlich als mondtägliche interpretiert wird.

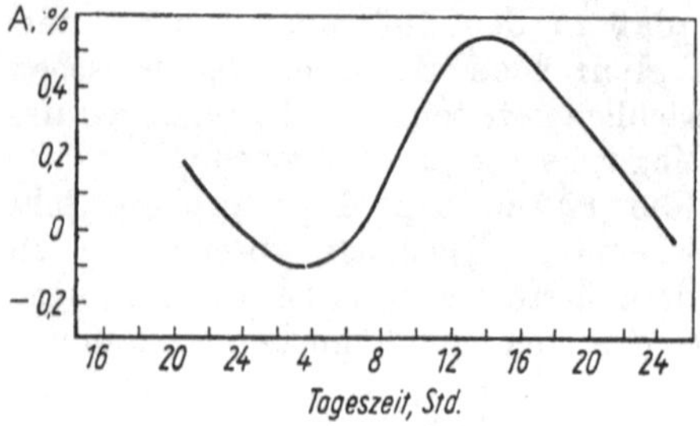

Abb. 27. Über die Periode des IGY gemittelter sonnenzeitlicher Tagesgang nach Meßwerten von 12 Neutronenmonitoren zwischen 30 und 60 Grad nördlicher Breite

All dies zeigt, wie kompliziert die Frage der täglichen Variationen ist. Für ihre eindeutige Trennung sind sorgfältige und sehr diffizile Untersuchungen unter Verwendung einer großen Zahl von Meßdaten erforderlich.

Die sonnentäglichen Variationen entstehen auf folgende Weise. Die aus der Galaxis eintreffende kosmische Strahlung wird durch die Magnetfelder des Sonnenwindes aus dem Sonnensystem hinausgedrängt. Dieser als Konvektion bezeichnete Prozeß leert den interplanetaren Raum. Als Ergebnis entsteht ein Gradient der kosmischen Strahlung, der von der Sonne weg gerichtet ist, oder mit anderen Worten, die Intensität der kosmischen Strahlung nimmt mit wachsender Entfernung von der Sonne zu. Außerdem werden die kosmischen Teilchen im Sonnensystem auch durch Abbremsung ihrer Bewegung im ständig expandierenden Medium „verbraucht“.

Diesen zwei Prozessen wirkt ein Diffusionsstrom kosmischer Teilchen aus Richtung Sonne entgegen.

In Gegenwart eines geordneten Magnetfeldes mit Feldlinien, die durch die Bewegung der Materieströme (des Sonnenwindes) und die Rotation der Sonne in Spiralen auseinandergezogen sind (Abb. 28), ist die

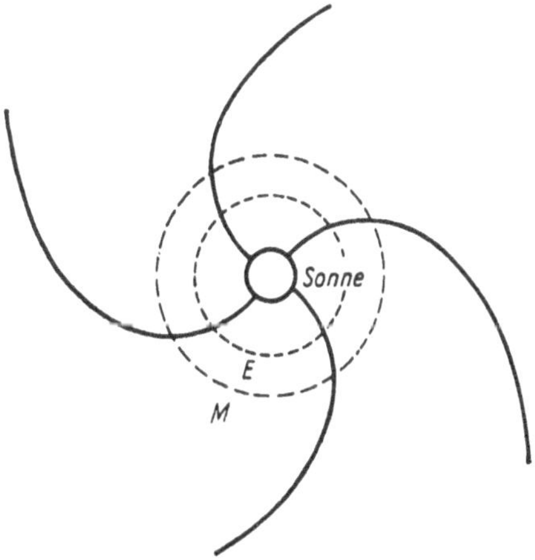

Abb. 28. Spiralförmiges interplanetares Magnetfeld, Ansicht vom Sonnennordpol in Richtung zur Ekliptikebene. Die Rotation der Sonne entgegen dem Uhrzeigersinn führt dazu, daß radial aus einem Punkt der Sonnenoberfläche austretendes Plasma im Raum eine Spirale ähnlich den aus einem rotierenden Rasensprenger austretenden Wasserstrahlen bildet. Das mit dem gleichen Punkt der Sonnenoberfläche verbundene Magnetfeld wird vom bewegten Plasma mitgeführt und bildet ebenfalls eine Spiralstruktur (E – Umlaufbahn der Erde, M – Umlaufbahn des Mars)

Diffusion der kosmischen Strahlung anisotrop, d. h., die Diffusionskoeffizienten in Feldrichtung $\varkappa_{\parallel}$ und quer zum Feld $\varkappa_{\perp}$ sind nicht gleich. Der Diffusionsstrom ist in der Erdbahn nicht genau zur Sonne gerichtet, sondern liegt innerhalb des Sektors, den die Sonnenrichtung und die Achse der Anströmrichtung bilden. Diese zwei Grenzwerte der Richtung nimmt der Diffusionsstrom ein im Falle eines absolut regellosen Feldes ($\varkappa_{\perp} = \varkappa_{\parallel}$) bzw. eines streng ausgerichteten Feldes ($\varkappa_{\perp} \ll \varkappa_{\parallel}$).

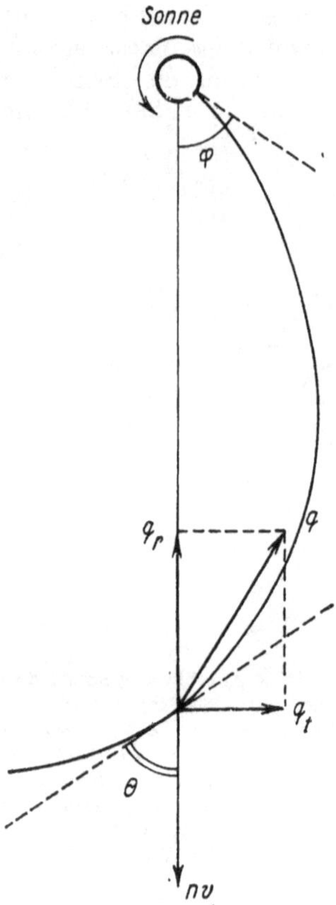

Abb. 29. Wirkungsschema des Diffusionsmechanismus der tageszeitlichen Variation. Der Diffusionsstrom q besteht aus zwei Komponenten – einer radialen q_r und einer tangentialen q_t. Die radiale Komponente wird durch den von der Sonne weg gerichteten Konvektionsstrom nv vollständig kompensiert. Die tangentiale Komponente ergibt eine unkompensierte tageszeitliche Welle. Die Winkel Θ zwischen der Feldlinie an der Erdbahn und der Richtung zur Sonne beträgt etwa 50 Grad; der Winkel φ bestimmt die heliographische Länge der Sonne und Erde verbindenden Feldlinie

In den dazwischenliegenden Fällen läßt sich der Diffusionsstrom q in zwei senkrecht zueinander stehende Komponenten zerlegen — eine radiale Komponente q_r und eine tangentiale Komponente q_t (Abb. 29). Die radiale Komponente wird durch den von der Sonne weg gerichteten Konvektionsstrom voll kompensiert. Die Tangentialkomponente führt zu einer Anisotropie der kosmischen Strahlung mit einem Maximum auf der Abendseite der Erde (18 Uhr Ortszeit). Im Fall eines streng ausgerichteten Feldes ist ihre Amplitude $A_{\max}$ gleich 0,6%.

Bei nicht vollständig ausgerichtetem Feld, wie es real vorliegt, hängt die Anisotropie vom Grad der Unregelmäßigkeit des Feldes $f = \varkappa_\perp / \varkappa_\parallel$ und von der Geschwindigkeit des Sonnenwindes ab. Bei großer Geschwindigkeit des Sonnenwindes ($u > 400-500$ km/s) ist die Amplitude praktisch nicht mehr von der Geschwindigkeit abhängig, und die Abhängigkeit von f nimmt folgende Form an: $A(f) = A_{\max} \cdot (1 - f)$. Daraus ist zu ersehen, daß bei einem chaotischen Feld keine Anisotropie auftritt.

Durch die Rotation der Erde erscheint die Anisotropie als tageszeitliche Variation. Die Daten aus den Beobachtungen der täglichen Variationen stehen in Übereinstimmung mit dem dargelegten Bild und ergeben eine Unregelmäßigkeit des Magnetfeldes von $f \approx 0{,}1$ für Teilchen mit einer Energie von etwa 10^{10} eV.

Sternzeitliche Variationen und das Problem des Ursprungs der kosmischen Strahlung. Schon einige Jahrzehnte ist die Frage nach der Existenz echter Variationen der kosmischen Strahlung mit der Sternzeit offen. Das Problem ist von großer Bedeutung, da seine Lösung Hinweise auf den Ursprung der kosmischen Strahlung, d. h. über ihre Quellen und die Mechanismen ihrer Beschleunigung und Ausbreitung, geben kann.

Eine auf die Sterne bezogene Anisotropie kann entweder mit Flüssen außergalaktischer kosmischer Strahlung zusammenhängen (und ist dann das Ergebnis einer Rotation der Galaxis) oder durch Diffusion kosmischer

Teilchen aus der Galaxis heraus (bei galaktischem Ursprung der Strahlung) bedingt sein. Ein Anisotropieeffekt kann auch auf eine ungleichmäßige Verteilung der Quellen kosmischer Strahlung innerhalb oder außerhalb der Galaxis zurückgehen.

Die sternzeitlichen Variationen werden sowohl für Teilchen mit Energien $\gtrsim 10^{14}$ eV nach Daten aus der Registrierung ausgedehnter atmosphärischer Schauer als auch für Teilchen geringerer Energie (bis hin zu 10^{10} eV), die durch Zählrohr-Teleskope an der Erdoberfläche registriert werden können, und am weltweiten Netz der Neutronenmonitore untersucht. Die Isolierung der tatsächlichen sternzeitlichen Welle ist äußerst schwierig wegen ihrer kleinen Amplitude (Zehntel Prozente für Teilchen mit einer Energie von 10^{14} eV). Außerdem tritt das Problem der Identifizierung falscher Effekte auf, das hier noch komplizierter ist als im Fall der sonnentäglichen Variationen.

Diese Schwierigkeiten vertiefen sich noch dadurch, daß die experimentellen Bedingungen einen Meßfehler bewirken, der in der Größenordnung der Amplitude selbst liegt und generell mit wachsender Energie der Teilchen zunimmt. In Abb. 30 ist gezeigt, wie die gemessene Amplitude vom statistischen Fehler abhängt. Man sieht, daß mit abnehmendem statistischem Fehler auch die Amplitude kleiner wird.

Die Untersuchung der sterntäglichen Variationen hinsichtlich des Ursprungs der kosmischen Strahlung gewann noch an Bedeutung in Anbetracht der Messungen an Bord der sowjetischen Satelliten der Serie „Proton“. Während dieser Messungen, die unter Leitung von N. L. Grigorow durchgeführt wurden, zeigte sich ein Unterschied zwischen dem Energie-Spektrum der schweren Kerne und dem der Protonen („Aufspaltung“ der Spektren). Diese Tatsache kann von entscheidender Bedeutung sein für die Wahl eines der möglichen Modelle des Ursprungs der kosmischen Strahlung.

Gegenwärtig werden im wesentlichen zwei Modelle für

den Ursprung der kosmischen Strahlung entwickelt – ein stationäres und ein nichtstationäres. Das erstgenannte geht davon aus, daß ein Teil der galaktischen Partikel mit Energien bis hin zu 10^{15}–10^{16} (und möglicherweise

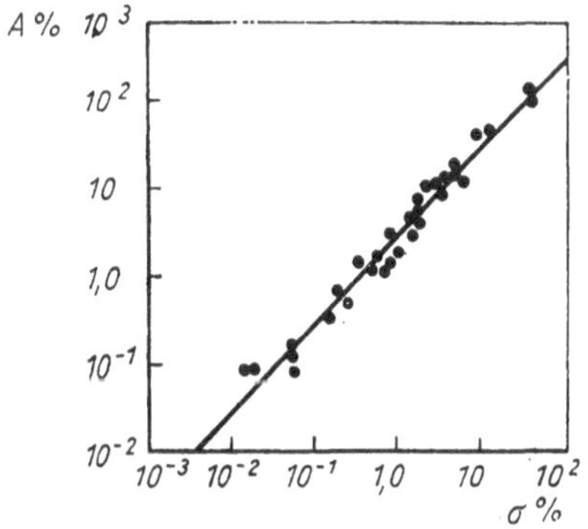

Abb. 30. Zusammenhang zwischen der gemessenen Amplitude des sternzeitlichen Tagesganges A und dem statistischen Meßfehler σ. Es ist eine Tendenz zur Verringerung der gemessenen Amplitude mit steigender Meßgenauigkeit zu erkennen, was bedeutet, daß die vorhandenen Daten über die Anisotropieamplitude hochenergetischer Teilchen noch nicht als sicher angesehen werden können

sogar 10^{17}–10^{18}) eV/Nukleon in Form schwerer Kerne bei der Explosion von Supernovae erzeugt wird, während leichtere Kerne und Protonen durch Fragmentierung (Spaltung der Kerne) im kosmischen Raum gebildet werden. Die Diffusion der Teilchen aus der Galaxis führt zu sternzeitlichen Variationen.

Das andere Modell geht davon aus, daß die Erzeugung der kosmischen Strahlung vor Hunderten von Millionen Jahren in einer Serie von Explosionen im Zentrum der Galaxis erfolgte und der zu beobachtende Teilchenfluß im wesentlichen ein Überbleibsel der Explosionen ist. Aus dem einen wie dem anderen Modell ergeben sich bestimmte Folgerungen hinsichtlich der Energiespektren, der nuklearen Zusammensetzung und der sterntäglichen

Variationen, die aber für keines der beiden Modelle bislang in guter Übereinstimmung mit den experimentellen Befunden stehen. Diese Frage wurde von L. I. Dorman im Detail analysiert.

Von allen von ihm betrachteten (galaktischen und metagalaktischen) Modellen erwies sich das stationäre Modell des galaktischen Ursprungs als am weitestgehenden akzeptabel unter der Bedingung, daß die Fragmentierung nicht in der Quelle selbst und auch nicht im kosmischen Raum, sondern in einem relativ begrenzten Bereich in der Nähe der Quelle (in einer „Schale“ um die Quelle) vor sich geht. In diesem Falle können die Quellen kosmischer Strahlung Explosionen von Supernovae ebenso wie quasiperiodische Explosionen im Kern der Galaxis sein. Der Entstehungsprozeß der kosmischen Strahlung darf dabei nur im Anfangsstadium der Expansion einer Supernova vor sich gehen. Diese Voraussetzungen gestatten die Bedingung der Energiebilanz zu erfüllen, eine gute Übereinstimmung mit den sternzeitlichen Variationen zu erreichen und die Aufspaltung der Spektren von Kernen und Protonen zu erklären, wie sie von Satelliten der Proton-Serie gemessen wurde.

Die Untersuchung der sterntäglichen Variationen führt uns somit auf das Gebiet der fundamentalen Probleme der modernen Astrophysik, besonders wenn man die Entdeckung der Photonen-Reststrahlung und der Pulsare berücksichtigt.[1]) Wir stellen uns aber an dieser Stelle nicht das Ziel, das Problem des Ursprungs der kosmischen Strahlung im Detail darzulegen, und wollen deshalb aus der Galaxis in das Sonnensystem, auf die Erde zurückkehren.

Wenn vielleicht auch Teilchen mit einer Energie $\gtrsim 10^{14}$ eV, die ausgedehnte atmosphärische Schauer ver-

---

[1]) Im Jahre 1975 veröffentlichte eine Gruppe amerikanischer Wissenschaftler (F. W. Stecker u. a.) sehr interessante Meßergebnisse des Satelliten SAS-2 über die kosmische Gesamtstrahlung. Die Analyse dieser Daten stützt die Hypothese, daß die Überreste (Hüllen) von Supernovae die Hauptquelle der kosmischen Strahlung sind.

ursachen, die Erde anisotrop erreichen, so konnte diese Anisotropie doch bisher wegen der unzureichenden Meßgenauigkeit, des Einflusses meteorologischer Effekte und des möglichen Auftretens einer falschen sterntäglichen Welle bisher nicht nachgewiesen werden. Es läßt sich lediglich eine obere Grenze für die Amplitude einer Anisotropie angeben, die für Energien um 10^{18} eV bei 10% liegt und für Energien um 10^{14} eV einige Zehntel Prozent nicht übersteigt.

Dagegen wurde für Teilchen geringerer Energie in den letzten Jahren ein gewisser Fortschritt erreicht. So konnte z. B. aus Daten der kontinuierlichen Registrierung der μ-Mesonen-Komponente im Energiebereich $\varepsilon = 10^{10}$ bis 10^{11} eV in den Jahren 1953—1964 recht eindeutig eine echte sternzeitliche Anisotropie nachgewiesen werden. Ihre Amplitude betrug in den Jahren mit minimaler Sonnenaktivität $0{,}100 \pm 0{,}012\%$ und in den Jahren mit erhöhter Sonnenaktivität $0{,}50 \pm 0{,}12\%$. Das Maximum der sterntäglichen Variation tritt um 20 ± 02 Uhr lokaler Sternzeit auf, was einer Ausrichtung des anisotropen Flusses längs des galaktischen Spiralarms entspricht.

Hinsichtlich der Teilchen mit Energien um 10^9 eV, für welche irdische Neutronenmonitore die größte Empfindlichkeit aufweisen, kann man wahrscheinlich annehmen, daß ihr Fluß in der Nähe des Sonnensystems isotrop ist und die beobachteten sterntäglichen Schwankungen der Neutronenkomponenten unecht sind.

Die zu beobachtende Anisotropie von Teilchen mit einer Energie um 10^9 eV hinsichtlich der Sternzeit läßt sich mit dem folgenden Modell erklären (Abb. 31). Die Sonne mit dem sie umgebenden Sonnenwind bewegt sich relativ zu den nächstgelegenen Fixsternen mit einer Geschwindigkeit von etwa 20 km/s. Diese Bewegung deformiert den vom Sonnenwind eingenommenen Raum so, daß er asymmetrisch wird, sich zu einer Art „Schweif" auseinander zieht. Die Asymmetrie des modulierenden räumlichen Gebildes mit den sich darin bewegenden Plasmawolken und magnetischen Inhomogenitäten muß

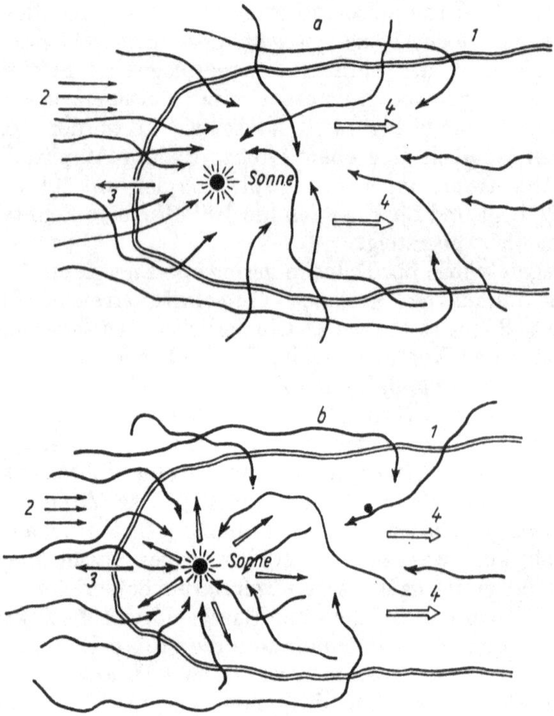

Abb. 31. Modell für das Entstehen einer sterntäglichen Anisotropie für Teilchen mit Energien um 10^9 eV im Minimum (a) und im Maximum (b) der Sonnenaktivität

1 – Grenzbereich; *2* – galaktischer kosmischer Strahlungsfluß; *3* – Sonnenbewegung; *4* – Plasmabewegung

sich auf der Erde als sterntägliche Anisotropie auswirken.

Der Unterschied in den sternzeitlichen Effekten für die Jahre mit maximaler bzw. minimaler Sonnenaktivität läßt sich wahrscheinlich auf die folgende Ursache zurückführen.

In der Periode des Sonnenaktivitätsminimums ist der

interplanetare Raum relativ frei von Störfaktoren, so daß die Plasmawolken sich vorwiegend längs des „Schweifes“ bewegen. Die Beschleunigung und Abbremsung der galaktischen kosmischen Strahlung erfolgt ebenfalls geordnet (längs des „Schweifes“), und die Anisotropie macht sich stärker bemerkbar.

Im Maximum der Sonnenaktivität ist die Form des „Schweifes“ nicht nur durch die Wechselwirkung der interstellaren Materie mit den Grenzschichten des Sonnenwindes, sondern auch durch einen verstärkten Strom von Plamawolken bestimmt, der sich in allen Richtungen bewegt. Als Ergebnis wird der durch Modulation bedingte Anisotropieeffekt stark in den Richtungen „verwaschen“, und die Amplitude ist geringer. Diese Erklärungen tragen vorerst nur qualitativen Charakter. Genaue quantitative Abschätzungen erfordern umfangreiche Rechnungen, für die man sich wahrscheinlich auf eine Theorie ähnlich der Theorie des Magnetosphärenschweifes oder der Kometenschweife stützen kann.

Forbush-Effekt und Stoßwellen im interplanetaren Medium. Wichtige Informationen über die Störungen im Sonnenwind kann man aus der Untersuchung des plötzlichen starken Abfalls der Intensität der kosmischen Strahlung gewinnen, der gleichzeitig mit magnetischen Stürmen zu beobachten ist. Diese Erscheinung wurde vor ca. 40 Jahren von einem der ersten Forscher auf dem Gebiet der Variationen, S. Forbush (USA) entdeckt und trägt seitdem seinen Namen.

Die zeitliche Entwicklung dieser Erscheinung ist relativ einfach. Gewöhnlich geht dem Forbush-Abfall eine verstärkte Aktivität in einigen Gebieten der Sonne voraus. Die Kulmination der Aktivität irgendeines der Gebiete ist eine mächtige Eruption, von der eine Störung im interplanetaren Medium vom Typ einer Explosionswelle ausgeht. Die Ausbreitungsgeschwindigkeit der Störung ist so groß, daß sie die Erde nach 1,5–2 Tagen erreicht.

Sobald die Störung die Erde erreicht, nimmt die Intensität der kosmischen Strahlung schnell ab und sinkt innerhalb von 1—2 Stunden um 5—7% (für die Neutronenkomponente). Nachdem das Minimum durchlaufen ist, nimmt die Intensität langsam wieder zu, bis sie das alte, ungestörte Niveau erreicht hat. Dieser Prozeß kann mehrere Tage andauern. Manchmal tritt noch während

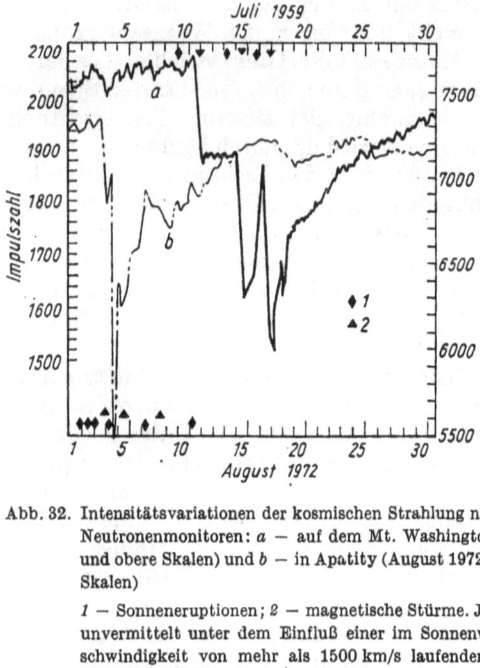

Abb. 32. Intensitätsvariationen der kosmischen Strahlung nach Messungen von Neutronenmonitoren: *a* — auf dem Mt. Washington (Juli 1959, linke und obere Skalen) und *b* — in Apatity (August 1972, rechte und untere Skalen)

1 — Sonneneruptionen; *2* — magnetische Stürme. Jeder Sturm begann unvermittelt unter dem Einfluß einer im Sonnenwind mit einer Geschwindigkeit von mehr als 1500 km/s laufenden Stoßwelle. Diese Wellen „fegen" die galaktische kosmische Strahlung beiseite, was zu deren starkem Intensitätsrückgang in Erdnähe führt

der „Erholung" ein neuer Abfall auf. Eine derartige Überlagerung von drei Forbush-Effekten wurde z. B. im Juli 1959 beobachtet. Eine ähnliche Erscheinung mit einer sehr großen Amplitude des Abfalls (bis 24% in der Neutronenkomponente) wurde Anfang August 1972 registriert (Abb. 32). Was ist die Ursache für den FORBUSH-Abfall?

Wie wir bereits feststellten, besteht eine der besonderen Eigenschaften des Sonnenwindes darin, daß er selbst Träger eines magnetischen Feldes ist. Während starker „Böen“ dieses Windes ist das Magnetfeld einer Kontraktion, einer Verdichtung ausgesetzt. Derartige Verdichtungen spielen auf ihrem Weg durch den interplanetaren Raum die Rolle von Wänden oder magnetischen Spiegeln, von denen die kosmische Strahlung reflektiert wird.

Die Bewegung magnetischer Spiegel von der Sonne weg führt zu einem relativ schnellen „Ausfegen“ der kosmischen Strahlung aus dem Sonnensystem. Im Ergebnis beobachtet man auf der Erde eine Abnahme ihrer Intensität (FORBUSH-Effekt), die eng mit magnetischen Stürmen und anderen Erscheinungsformen des „kosmischen Wetters“ verbunden ist. Wie sich in letzter Zeit zeigte, ist die kosmische Strahlung nicht nur ein „Opfer“ des kosmischen Wetters und ein Begleiter magnetischer Stürme, sondern kann auch deren Vorbote sein.

Vor mehr als 15 Jahren wurde eine eigenartige Erscheinung entdeckt, für die sich die Wissenschaftler sofort interessierten. Einige Stunden vor einem magnetischen Sturm trat eine geringe Zunahme der Intensität der kosmischen Strahlung auf — etwa 1—3% für die Neutronenkomponente. Welche Eigenschaften hat diese Zunahme?

Bereits die ersten Untersuchungen zeigten, daß die Zunahme sich über 6—10 Stunden erstreckt und planetaren Charakter trägt, d. h. über die ganze Welt verbreitet ist. Allerdings hängt ihre Amplitude von der Ortszeit ab. Diese Besonderheiten der Erscheinung bedeuten, daß ihre Ursache wahrscheinlich in der Reflexion der kosmischen Strahlung an einem sich auf die Erde zu bewegenden magnetischen Spiegel zu suchen ist. Ein derartiger Spiegel kann eine bei einer Sonneneruption ausgestoßene dichte Plasmawolke sein, die ein magnetisches Feld mit sich führt. Eine andere Art eines solchen Spiegels kann eine durch die Eruption verursachte Stoßwelle sein, die zu einer Kontraktion des interplanetaren Magnetfeldes führt. Eine eindeutige Entscheidung zwischen diesen beiden Möglichkeiten war bis in die jüngste Zeit nicht möglich.

Im weiteren stellte es sich heraus, daß der Effekt von der heliographischen Länge des Gebietes auf der Sonnenoberfläche abhängt, wo die Eruption vor sich geht, wobei eine Eruption auf der Ostseite der Sonnenscheibe einen ausgeprägteren Effekt zur Folge hatte als eine Eruption auf der Westseite. Außerdem konnte festgestellt werden, daß die Amplitude der Zunahme mit dem Sonnenbreitengrad der Eruption (genauer gesagt mit der Entfernung zwischen der Eruption und der Stelle der Sonnenscheibe, auf welche die Erde „projiziert" wird) anwächst.

Diese Fakten lassen sich erklären, wenn man sie mit Stoßwellen in Verbindung bringt, die sich in einem Medium mit spiralförmigem Magnetfeld ausbreiten. Berücksichtigt man die Krümmung der Feldlinien des interplanetaren Magnetfeldes (vgl. Abb. 29), so läßt sich leicht vorstellen, daß die Stoßwelle einer östlichen Eruption das Magnetfeld stärker zusammendrückt als die einer westlichen Eruption. Somit reflektiert im erstgenannten Fall der magnetische Spiegel einen größeren Anteil der kosmischen Strahlung als im zweiten Fall. Darin besteht die Erklärung der Ost-West-Asymmetrie des Zunahmeeffektes. Die Asymmetrie der Erscheinung ebenso wie deren Abhängigkeit vom Sonnenbreitengrad bedeutet außerdem, daß der magnetische Spiegel mit der Stoßwelle und nicht mit einer Wolke von verdichtetem Plasma zusammenhängt. Dabei muß die Stoßwelle nicht auf der Oberfläche der Sonne, sondern in erheblicher Entfernung von ihr entstehen (Abb. 33).

Wahrscheinlich breitet sich die Stoßwelle bis zu einer Entfernung von 1,5—3 Mio. km, wo die Feldstärke des Magnetfeldes und die Gasdichte noch sehr hoch sind, in der Sonnenatmosphäre radial in einem verhältnismäßig engen Kegel aus. Mit zunehmender Höhe nehmen Feldstärke und Gasdichte ab, und die Ausbreitung nimmt halbsphärischen oder sphärischen Charakter an. Ein

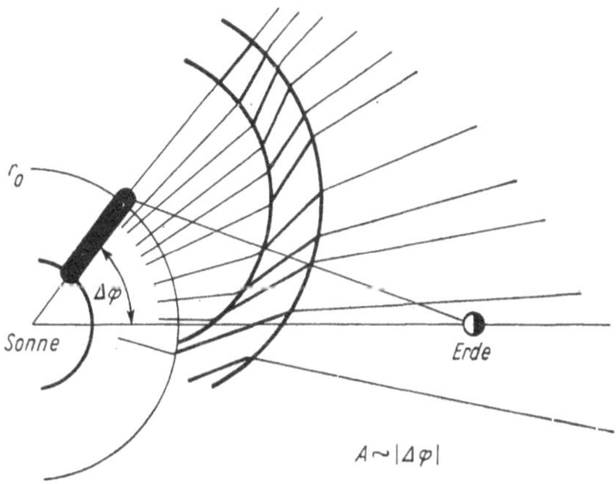

Abb. 33. Ausbreitung der Stoßwelle im interplanetaren Raum. Bis zu einer bestimmten Entfernung r_0 breitet sich die Welle in einem engen Kanal (schwarz ausgefüllt) aus, um dann in eine quasisphärische Welle überzugehen. Das durch die Stoßwelle verstärkte interplanetare Magnetfeld reflektiert teilweise die kosmische Strahlung. Ihre Intensität in Erdnähe nimmt zu, wobei die Zunahmeamplitude A der heliographischen Breite der Erde $\Delta\varphi$ proportional ist. Mit dünnen Strichen ist das Magnetfeld vor und hinter der Stoßwelle, mit starken Strichen das in der Stoßwelle „komprimierte", verstärkte interplanetare Magnetfeld dargestellt.

ähnliches Bild würde sich ergeben, wenn von der Erdoberfläche eine Rakete mit einer Atombombe an Bord starten und die Bombe in einer bestimmten Höhe explodieren würde, von wo aus dann eine sphärische Welle ihren Ausgangspunkt nehmen würde.

Sehr wichtig ist auch die Feststellung, daß der Zunahmeeffekt 10—12 Stunden vor einem magnetischen Sturm einsetzt, und zwar immer nur während der

Tagesstunden in voller Übereinstimmung mit der Theorie der interplanetaren Stoßwellen. Bei der modernen Meßgenauigkeit von Beobachtungen, die gleichzeitig von mehreren Observatorien auf der beleuchteten Hälfte der Erde vorgenommen werden, läßt sich diese Erscheinung für die Kurzzeitprognose von magnetischen Stürmen nutzen. Dafür ist es erforderlich, mehrere Observatorien zu einem gemeinsamen Netz zusammenzuschließen und an eine elektronische Datenverarbeitungsanlage mit einem speziellen Programm anzuschließen, das den Zunahmeeffekt aus den kontinuierlich eintreffenden Meßdaten herauszulesen gestattet.

Modulationssphäre. Die Untersuchung des Zusammenhanges zwischen den Veränderungen der Sonnenaktivität und den Schwankungen der Intensität der kosmischen Strahlung kann bestimmte Informationen über die Eigenschaften des Sonnenwindes weit außerhalb der Erdbahn liefern. So ist es von Interesse zu klären, bis hin zu welcher Entfernung der Sonnenwind „weht". Mit anderen Worten — wie groß ist der Bereich, die Modulationssphäre, in welcher der immerwährende Zweikampf der kosmischen Strahlung mit dem Sonnenwind vor sich geht?

Es könnte scheinen, daß es zur Beantwortung dieser Frage ausreicht, die Energiedichte des Windes (seinen Druck) dem summierten Druck der äußeren Kräfte gleichzusetzen, die den Wind „aufhalten". Diese äußeren Kräfte sind der Druck des galaktischen Magnetfeldes, des interstellaren Gases und der kosmischen Strahlung. Geht man von der Bedingung der Druckgleichheit aus, so ergibt sich ein Radius der „Modulationssphäre" von etwa 100 astronomischen Einheiten (zum Vergleich sei erwähnt, daß die Bahn des Pluto, des am weitesten von der Sonne entfernten Planeten, in einer Entfernung von etwa 40 A. E. von der Sonne verläuft).

Die reale Situation ist aber erheblich komplizierter. Die wesentlichen Schwierigkeiten liegen hier im folgenden. Erstens wurden bisher fast alle Informationen über die entfernten Bereiche des Sonnensystems mit indirekten

Methoden erhalten (kosmische Strahlung, Kometen, Meteoriten); direkte Messungen der kosmischen Strahlung und des Sonnenwindes werden bisher nur in einem begrenzten Gebiet des interplanetaren Raums zwischen den Bahnen der Venus und des Jupiter durchgeführt. Zweitens ist uns nicht genau bekannt, welche Erscheinungsform der Sonnenaktivität (Zahl der Sonnenflecken, ihre Fläche, Intensität der grünen Koronalinie u. a.) besonders eng mit den magnetischen Feldern des Sonnenwindes verknüpft ist, von denen die kosmische Strahlung moduliert wird. Drittens ist der Einwirkungsmechanismus der Sonnenaktivität auf die kosmische Strahlung selbst noch nicht ausreichend klar, d. h. die Bedingungen ihrer Ausbreitung in verschiedenen Raumbereichen und in verschiedenen Perioden des elfjährigen Sonnenzyklus.

Für die Gewinnung richtiger Informationen über die Größe der Modulationssphäre ist deshalb eine sorgfältige Analyse des Gesamtkomplexes der experimentellen Daten über die kosmische Strahlung erforderlich. Hierzu gehören in erster Linie die Daten über die elfjährige Modulation des Energiespektrums und der nuklearen Zusammensetzung der galaktischen kosmischen Strahlung.

Die grundlegende Gleichung für die elfjährige Modulation hat die Form

$$D_m(R) = D_0(R) \exp\left[-u(r_{\max} - r_{\circ})/\varkappa(R)\right], \tag{11}$$

wobei $D_0(R)$ das Spektrum der primären kosmischen Strahlung außerhalb des Sonnensystems, $D_m(R)$ das modulierte Spektrum in Erdnähe, u die Geschwindigkeit des Sonnenwindes, $r_{\max}$ der Radius der Modulationssphäre, $r_{\circ}$ der Radius der Erdbahn und $\varkappa(R)$ der von der Rigidity R der Teilchen abhängige Diffusionskoeffizient ist. Die Größe

$$1 - \eta = 1 - \frac{D_m(R)}{D_0(R)} = 1 - e^{\frac{u(r_{\max} - r_{\circ})}{\varkappa(R)}} \tag{12}$$

bezeichnet man als die Modulationstiefe. Aus Abb. 23 hatten wir schon gesehen, daß die Amplitude der elfjährigen Variation oder, mit anderen Worten, die Größe $1 - \eta$, unterschiedlich ist in Abhängigkeit von der Energie (der Härte) der Teilchen. Die Modulationstiefe ist dabei um so geringer, je höher die Energie der kosmischen Strahlung ist. Dieser Zusammenhang ist durch die Eigenschaften des Diffusionskoeffizienten

$$\varkappa(R) = \frac{\Lambda(R)\, v}{3} \tag{13}$$

bestimmt; v ist die Geschwindigkeit der Teilchen und Λ die freie Weglänge für die Streuung, die von der Rigidity abhängt.

Hinsichtlich der Modulation nach Ladungen ist aus den Gleichungen (12) und (13) eindeutig zu ersehen, daß im Bereich der relativistischen Energien, wo die Partikelgeschwindigkeit $v \approx c$ ist (d. h. beginnend bei $R \gtrsim 2$ GV), die Modulationstiefe nur von der Härte abhängt und für verschiedene Z gleich ist. Dagegen ist im nichtrelativistischen Bereich, wo Partikel mit unterschiedlichem Verhältnis A/Z (A — Atomgewicht, Z — Ladung) bei gleicher Härte eine unterschiedliche Geschwindigkeit v haben, die Modulationstiefe ebenfalls unterschiedlich. Das ist auf Abb. 34 zu sehen, wo die Abhängigkeit der Größe $v/c \ln 1/\eta$ von R für Elektronen ($A/Z \approx 5 \cdot 10^{-4}$), Protonen ($A/Z = 1$) und Heliumkerne ($A/Z = 2$) nach Messungen amerikanischer Forscher aus den Jahren 1965—1968 dargestellt ist.

Eine andere Gruppe von Daten hängt mit der Verzögerung der verschiedenen Typen von Variationen der kosmischen Strahlung in bezug auf die Parameter zusammen, die die Sonnenaktivität charakterisieren. Besonders deutlich ist diese Verzögerung am Beispiel der elfjährigen Variationen zu sehen. In Abb. 35 ist nach Meßwerten des Neutronenmonitors in Chicago die Abhängigkeit zwischen der elfjährigen Variation A (in

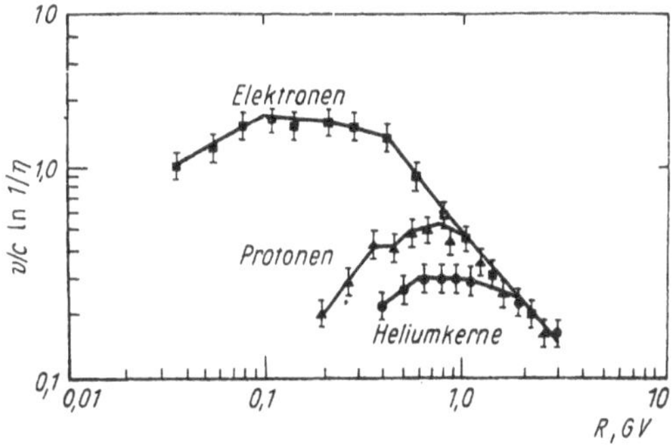

Abb. 34. Abhängigkeit der Modulationstiefe von der Rigidity der Teilchen mit verschiedener Ladung

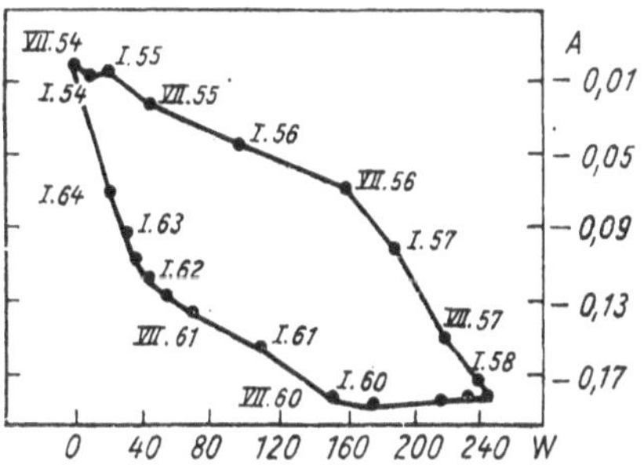

Abb. 35. „Hysterese der kosmischen Strahlung" nach Messungen des Chicagoer Neutronenmonitors für die Periode 1953—1962
A — Amplitude der elfjährigen Variation (in relativen Einheiten);
W — Zahl der Sonnenflecken im Monatsmittel

relativen Einheiten) und der Zahl der Sonnenflecken W für die Periode 1953—1962 dargestellt. Man sieht, daß sich die Intensität der kosmischen Strahlung auf dem aufsteigenden (1955—1958) und dem absteigenden Ast des Sonnenzyklus auf unterschiedliche Weise verändert hat. Die Erscheinung wird als „Hysterese der kosmischen Strahlung" in Analogie zu dem bekannten Effekt auf dem Gebiet des Magnetismus bezeichnet.

Die Verzögerung des Minimums der Intensität der kosmischen Strahlung im Vergleich zum Maximum der Sonnenaktivität beträgt rund ein Jahr. Der wesentliche Grund für die Verzögerung liegt darin, daß sich die Störungen des Sonnenwindes von der Sonne zur Peripherie des Sonnensystems nicht momentan, sondern mit der Geschwindigkeit des Sonnenwindes selber ausbreiten. Deshalb „spürt" die kosmische Strahlung in weiter Entfernung von der Sonne Veränderungen des „kosmischen Wetters" nicht sofort, sondern erst nach einiger Zeit, wobei als erste die Partikel geringer Energien auf die „Wetteränderung" reagieren. Wenn die Störungsquelle (die Sonne) ausgeschaltet wird (genauer: die Stärke des Sonnenwindes abnimmt), gewinnen dagegen die schnellsten Teilchen als erste ihre ursprüngliche Intensität in Erdnähe wieder. Für Teilchen geringer Energie geht dieser Prozeß weit langsamer vor sich.

Eine große Verzögerung für Teilchen, die aus der Galaxis zur Erde gelangen, kann bedeuten, daß diese auf ihrem Wege eine „dicke" Barriere aus chaotischen Magnetfeldern überwinden müssen. Ein Modell einer solchen turbulenten „Pufferschicht" zwischen dem Sonnenwind und dem galaktischen Magnetfeld ist in Abb. 36 dargestellt. Die Dicke der Schicht beträgt einigeMilliarden Kilometer, wobei sie vom Niveau der Sonnenaktivität abhängt. In der Periode maximaler Aktivität „pumpt" die Sonne mehr magnetische Inhomogenitäten in die „Pufferschicht" als während des Minimums, und die Dicke der Schicht nimmt zu. Im Minimum der Aktivität wird die Schicht dünner.

Wenn man nur die Daten über die Tiefe der elfjährigen Modulation und die Verzögerung der kosmischen Strahlung berücksichtigt, so ergibt sich als natürliche Folgerung, daß die äußere Grenze dieser Schicht sich etwa in einer Entfernung von 100 A. E. von der Sonne befindet (diese Entfernung übertrifft die Größe des Sonnensystems fast um das 2,5-fache).

Andererseits führen viele Forscher Argumente und

experimentelle Ergebnisse an, die dafür sprechen, daß die Modulationssphäre 10 A. E. nicht übertrifft oder sogar unter 5 A. E. liegt. Die Argumente sind teilweise recht anfechtbar und die experimentellen Ergebnisse mit

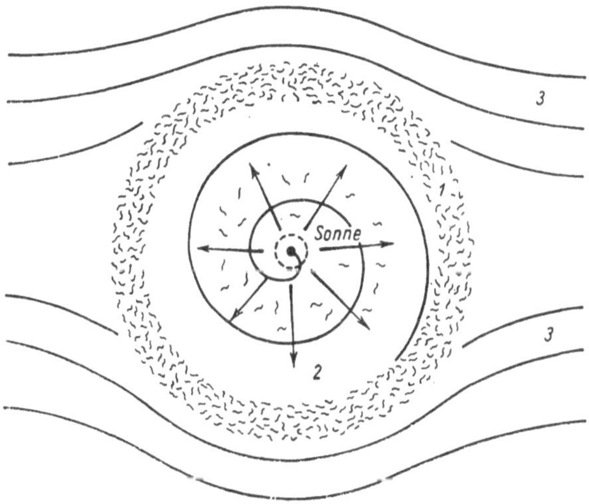

Abb. 36. Turbulente Plasmaschicht (*1*) an der Grenze zwischen Sonnenwind (*2*) und galaktischem Magnetfeld (*3*). Diese Schicht streut die aus der Galaxis einfallende kosmische Strahlung und bewirkt eine Verzögerung ihrer Intensitätsvariationen im Bereich der Erdbahn (gestrichelt) im Vergleich zum Niveau der Sonnenaktivität

methodischen und statistischen Fehlern behaftet; dennoch bleiben die Zweifel an der realen Größe der Modulationssphäre.

Zur Lösung dieser Frage kann eine weitere Gruppe von Daten herangezogen werden — die Radial- und Quergradienten der kosmischen Strahlung. Bis 1972 wurden Messungen des radialen Gradianten durch amerikanische und sowjetische interplanetare Stationen im Bereich zwischen den Bahnen von Venus und Jupiter durchgeführt. In Tabelle 2 sind Ergebnisse von Messungen auf-

Tabelle 2
Radialer Gradient b nach den Werten verschiedener Messungen

Jahr der Messung	Raumflug-körper	Meßbereich, A. E.	Typ der gemessenen Teilchen	Kinetische Energie MeV/Nukleon	Effektive Rigidity, Reff, GV	$\beta = v/c$	b, %/1 A. E.
1960	Pioneer-5	1,0 – 0,9	$p + \alpha$	> 75	2 – 3	~1	0 ± 20
1962	Mariner-2	1,0 – 0,71	$p + \alpha$	> 10	2 – 3	~1	12 ± 4
1962	Sond-1	1,0 – 1,24	$p + \alpha$	> 10	2 – 3	~1	0 ± 12
1963	Mariner-4	1,0 – 1,56	α	100 – 300	0,89 – 1,61	0,43 – 0,66	65 ± 8
		1,0 – 1,56	α	300 – 420	1,61 – 2,50	0,66 – 0,72	55 ± 5
		1,0 – 1,56	p	> 10	2 – 3	~1	9,6 ± 0,9
		1,0 – 1,56	p	1 – 15	0,0137 – 0,168	0,046 – 0,179	< 500
1965	Venus-2	0,8 – 1,2	$p + \alpha$	> 10	2 – 3	~1	3,1 ± 0,4
	Sond-3	0,87 – 1,06	p	1 – 5	0,0137 – 0,097	0,046 – 0,103	25
		1,13 – 1,20	p	1 – 5	0,0137 – 0,097	0,046 – 0,103	750
		1,23 – 1,27	p	1 – 5	0,0137 – 0,097	0,046 – 0,103	1150

Anmerkung. Im März 1972 wurde in Richtung des Planeten Jupiter der amerikanische Raumflugkörper „Pioneer-10“ gestartet, der mit Apparaturen zur Untersuchung des Sonnenwindes, des interplanetaren Magnetfeldes, des kosmischen Staubes (Mikrometeore) und der kosmischen Strahlung ausgerüstet war. Im Februar 1973 passierte „Pioneer-10“ unbeschädigt den Asteroidengürtel und flog im Dezember des gleichen Jahres in der Nähe des Jupiter vorbei. Nach den von Bord des Flugkörpers erhaltenen Daten ist der radiale Gradient der kosmischen Strahlung zwischen den Bahnen von Mars und Jupiter gering; beispielsweise ist er für Teilchen mit Energien $e_k \geqq 4$ GeV gleich $3 \pm 1\%/1$ A. E. Wenn sich diese Ergebnisse bestätigen, müssen wahrscheinlich die Frage nach der Größe des Modulationsgebietes ebenso wie die damit zusammenhängenden Fragen neu gestellt werden.

geführt, die in der Periode von 1960—1965 durchgeführt wurden und sich auf Teilchen verschiedener Energie und Art (Protonen und Alphateilchen) beziehen. Es ist nicht möglich, Gradientenwerte, die noch dazu mit verschiedenen Apparaturen und in verschiedenen Jahren des Sonnenzyklus sowie in einem beschränkten Raumgebiet erhalten wurden, unmittelbar miteinander zu vergleichen. Es läßt sich aber feststellen, daß für Teilchen mit einer Härte von $R \gtrsim 2-3$ GV der Gradient klein oder praktisch nicht vorhanden ist. Dabei sind die Meßungenauigkeiten sehr bedeutend und liegen sogar in der Größenordnung des Gradienten selbst. Im Bereich kleiner Energien (unterhalb 100 MeV und insbesondere bei Energien im Bereich 1—10 MeV) sind die Gradienten groß: Mit zunehmender Entfernung von der Sonne nimmt die Intensität der Teilchen rasch zu, wobei die Geschwindigkeit dieser Zunahme offensichtlich vom Niveau der Sonnenaktivität und von der Teilchenenergie abhängt. Es entsteht der Eindruck, daß im interplanetaren Raum unabhängig voneinander zwei Komponenten der kosmischen Strahlung bestehen — eine hochenergetische (galaktische) und eine niederenergetische (solare). Wir kommen auf diese Frage zurück bei der Besprechung der Erzeugung kosmischer Strahlung in der Sonnenatmosphäre.

Die Frage des Quergradienten ist noch komplizierter. Messungen des Quergradienten gestatten Informationen darüber zu erhalten, wie sich die Eigenschaften des Sonnenwindes mit Entfernung vom Sonnenäquator ändern oder, mit anderen Worten, wie der Fluß der magnetischen Inhomogenitäten vom Winkel mit der Rotationsachse der Sonne abhängt.

Leider wurden bisher noch keine direkten Messungen des Quergradienten von interplanetaren Stationen aus durchgeführt. Bestimmte Informationen über diese Frage lassen sich aber auf indirektem Wege gewinnen — aus Meßwerten von Stationen auf der Erde. Allerdings beziehen sich diese Daten nur auf einen relativ schmalen Bereich in der Nähe der Äquatorebene der Sonne

(± 4 Sonnenbreitengrade). Es zeigte sich, daß der Quergradient für Teilchen mit einer Härte $\gtrsim 2$ GV ca. 10% pro A. E. nicht übersteigt. Das kann ein Hinweis darauf sein, daß der Modulationsbereich nur unwesentlich von einer sphärischen Symmetrie abweicht.

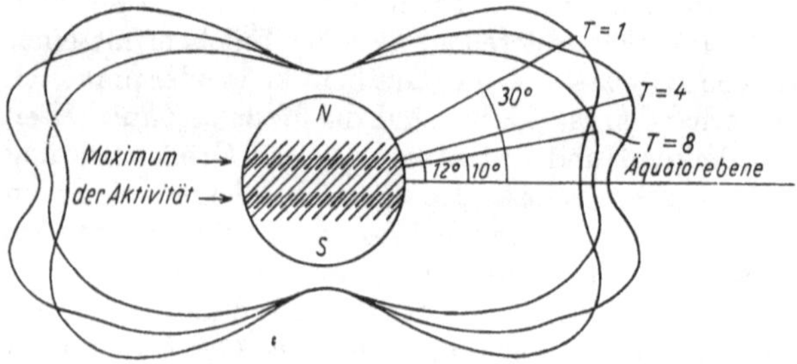

Abb. 37. Hypothetische Linien gleicher Intensität (Isokosmen) für die galaktische kosmische Strahlung im interplanetaren Raum in der Meridianebene der Sonne. Die Linien schneiden die Äquatorebene am Anfang (T = 1 Jahr) und in der Periode der abnehmenden Phase (T = 8 Jahre) in größerer Nähe zur Sonne als während des Maximums der Sonnenaktivität (T = 4 Jahre)

Andererseits haben wir schon aus Abb. 22 ersehen, daß sich die Verteilung der aktiven Gebiete auf der Sonne in bezug auf die Sonnenbreitengrade im Verlaufe des elfjährigen Zyklus ziemlich stark ändert. Verschiedentlich wird deshalb die Meinung vertreten, daß die Intensitätsverteilung der kosmischen Strahlung in der Meridionalebene der Sonne die auf Abb. 37 dargestellte Form hat. Die hypothetischen Linien gleicher Intensität müßten dabei ihre Form im Laufe des Sonnenzyklus merklich verändern.

Um die Frage nach den Abmessungen und Eigenschaften der Grenze des Modulationsbereiches beantworten zu können, reichen die Werte allein über die Modulationstiefe, die Verzögerungszeit und die Teilchendichtegradienten bereits nicht mehr aus. Unabhängige Daten von Meteoriten und solarer kosmischer Strahlung sind erforderlich.

Meteoriten sind unikale kosmische Körper, die die Erde teilweise aus weit entfernten Gebieten des Sonnensystems erreichen. Es sind dies die einzigen natürlichen Objekte, an denen sich unmittelbar verfolgen läßt, wie sich die Intensität der kosmischen Strahlung im Verlaufe von Jahrmilliarden und in Entfernungen von Hunderten Millionen von Kilometern von der Sonne verändert hat.

Die Veränderungen der solaren kosmischen Strahlune sind auch von eigenständigem Interesse, da sie die seltene Möglichkeit bieten, den inneren Teil des Sonnensystems (etwa bis zur Umlaufbahn des Jupiters) zu untersuchen. Deshalb wollen wir etwas ausführlicher auf Meteoriten und solare kosmische Strahlung eingehen.

Meteoriten — zuverlässige „Biographen" der kosmischen Strahlung. Während ihrer Bewegung auf langgestreckten Bahnen um die Sonne sind die Meteoriten dem ständigen Bombardement der kosmischen Strahlung ausgesetzt. Die Information über dieses „Bombardement" wird mittels der verschiedenartigen radioaktiven Isotope „aufgezeichnet", die sich durch nukleare Wechselwirkungen der kosmischen Teilchen mit der Meteoritenmaterie bilden. Aus diesem Grund stellt jeder auf die Erdoberfläche auftreffende Meteorit eine in bestimmter Hinsicht einmalige kosmische Sonde dar, die äußerst wertvolle wissenschaftliche Informationen gewissermaßen in integraler Form zu gewinnen gestattet.

Einer der letzten dieser „kosmischen Gäste" war der Meteorit, der am 3. Januar 1970 in der Nähe der Ortschaft Lost City (Oklahoma, USA) niederging. Wie in der Astronomie üblich, erhielt er den Namen „Lost City" — nach dem Ort seines Niedergangs. Es ist dies der bislang zweite Meteorit, dessen Sonnenumlaufbahn aus fotografischen Beobachtungen bereits lange vor dem Zusammentreffen mit der Erde bekannt war. Der erste derartige Meteorit war Příbram, der am 7. April 1959 in der Tschechoslowakei niederging. Die Bahnen dieser beiden Meteoriten sowie des Asteroiden Apollo sind in Abb. 38 dargestellt.

Die Umlaufbahn des Meteoriten Lost City erstreckte sich bis zu einer Entfernung von 2,35 A. E. von der Sonne. Dieser Umstand ließ den Meteoriten zu einer guten

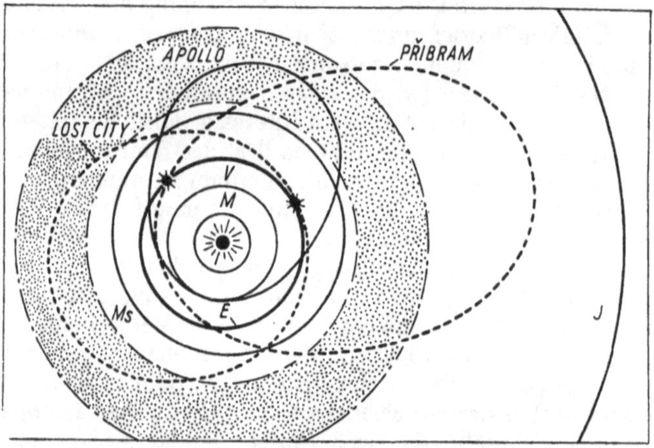

Abb. 38. Die Lage der Sonne und der Bahnen der Planeten sowie der Meteoriten Příbram und Lost City

M – Merkur; *V* – Venus; *E* – Erde; *Ms* – Mars; *J* – Jupiter. Zum Vergleich ist die Bahn des Asteroiden Apollo eingezeichnet. Mit einem Sternchen versehen sind die Stellen des Zusammenstoßes der Meteoriten Příbram und Lost City mit der Erde

Sonde für kosmische Strahlung in Tiefen des kosmischen Raumes werden, die von kosmischen Flugkörpern nur selten erreichbar sind. Im Meteoriten wurden radioaktive Elemente mit Halbwertszeiten des Zerfalls $T_{1/2}$ von 5 Tagen bis zu 2 Millionen Jahren nachgewiesen (zum Vergleich sei angeführt, daß die Messungen der kosmischen Strahlung durch Raumschiffe vom Typ Mariner eine Periode von etwa einem Monat und ein Gebiet bis zu 1,5 A. E. Sonnenentfernung erfassen).

Die radioaktiven Isotope mit verschiedenen Zerfallszeiten dienen als Indikator für die kosmische Strahlung in verschiedenen Zeitabschnitten. Beispielsweise bildete sich Mangan-52 mit einer Halbwertszeit von 5,7 Tagen hauptsächlich durch Bestrahlung in den letzten 5,7 Tagen vor dem Niedergang des Meteoriten; das Mangan-52, das sich früher gebildet hatte, ist bereits zerfallen, als der Meteorit sich noch auf einer Umlaufbahn befand.

In ähnlicher Weise entspricht Argon-37 ($T_{1/2}$ = 35 Tage) dem über die 35 Tage vor dem Niedergang summierten kosmischen Strahlungsfluß, während sich das Argon-39 ($T_{1/2}$ = 270 Jahre) durch die kosmischen Teilchen in den vorangegangenen fast 3 Jahrhunderten gebildet hat.

Etwa ein Dutzend derartiger radioaktiver Elemente mit Halbwertszeiten zwischen 5,7 Tagen (^{52}Mn) und 1,9 Millionen Jahren (^{10}Be) wurden in Proben des Meteoriten Lost City aufgefunden. Da die Bahn des Meteoriten vor seinem Niedergang bekannt war, konnte seine Lage im Raum für jeden beliebigen Zeitpunkt berechnet werden. Dadurch war es möglich, die Abhängigkeit der Intensität der kosmischen Strahlung von der Entfernung von der Sonne zu untersuchen.

Die einzelnen radioaktiven Isotope entsprechen kosmischer Strahlung unterschiedlicher Energie. Zum Beispiel bildet sich ^{52}Mn beim Beschuß von Meteoriteisen mit Protonen von $\gtrsim$ 40 MeV Energie, während zur Bildung von ^{37}Ar und ^{39}Ar aus Eisen Energien über 400 MeV erforderlich sind. Protonen mit einer Energie $\gtrsim$ 20 MeV lassen Kalzium radioaktiv werden. Somit dient die Messung des Gehalts eines *einzigen* Isotops von der Art des ^{37}Ar in *verschiedenen* Phasen oder Teilen des Meteoriten, möglicherweise in einer nichtmagnetischen, mit Kalzium angereicherten und in einer mit Eisen angereicherten Phase, zur Bestimmung der nieder- und hochenergetischen kosmischen Strahlung.

Der Gehalt an ^{37}Ar und ^{39}Ar wurde am Meteoriten Lost City sowohl in den kalziumreichen als auch in den Eisenphasen ermittelt. Das Verhältnis ^{37}Ar/^{39}Ar ergab sich in der Eisenphase zu 0,30. Wäre die Intensität der kosmischen Strahlung konstant gewesen, hätte dieses Verhältnis, wie Laborversuche zeigten, annähernd 1,09 betragen müssen (Beschuß von Eisentargets mit hochenergetischen Protonen und Alphateilchen im Zyklotron).

Dieser Befund bedeutet, daß der Fluß der kosmischen Strahlung in den letzten 35 Jahren der Bestrahlung des Meteoriten nur etwa ein Drittel des mittleren Bestrahlungsflusses der letzten 270 Jahre betrug. In diesen 35 Tagen befand sich der Meteorit in einer Entfernung von ca. 1 A. E. von der Sonne, während er den größten Teil des Zeitraums von 270 Jahren in der Nähe des Apheliums seiner Bahn in einer Entfernung von etwa 2,35 A. E. von der Sonne verbrachte.

Das ^{37}Ar/^{39}Ar-Verhältnis im Meteoriten Lost City zeigt, daß der Gradient der kosmischen Strahlung positiv (d. h. zunehmende Intensität mit wachsender Entfernung von der Sonne) und sehr groß ist.

Der Vergleich theoretischer Berechnungen mit dem beobachteten Gehalt an Radioisotopen in Meteoriten ermöglichte noch einige interessante und unerwartete Schlußfolgerungen.

Von besonderem Interesse hinsichtlich der Herkunft der kosmischen Strahlung im Sonnensystem sind Angaben über die Veränderungen ihrer Intensität in der fernen Vergangenheit. Der einzige Indikator für diese Veränderungen ist der Gehalt des Isotops ^{40}K ($T_{1/2} = 1{,}3$ Mrd. Jahre) in Eisenmeteoriten und in eisenhaltigen Phasen steinerner Meteoriten von unterschiedlichem kosmischen Alter. Gegenwärtig liegen Werte für eine Gruppe von acht Meteoriten mit einem kosmischen Alter zwischen 300 und 900 Mill. Jahren vor. Der Mittelwert des Verhältnisses ^{40}K/^{36}Cl beträgt $1{,}2 \pm 0{,}4$ (das Isotop ^{36}Cl charakterisiert die Intensität der kosmischen Strahlung in der letzten Million Jahre).

Dieser Wert ist um den Faktor $2{,}5 \pm 0{,}8$ kleiner als der theoretische Wert, den man erhält, wenn man den Rechnungen das gegenwärtige Intensitätsniveau der galaktischen kosmischen Strahlung zugrunde legt. Daraus ergibt sich die Schlußfolgerung, daß die Intensität der kosmischen Strahlung vor 900—300 Mill. Jahren im Mittel um den Faktor 3 unter dem gegenwärtigen Niveau lag. Die an zwei weiteren Meteoriten mit einem

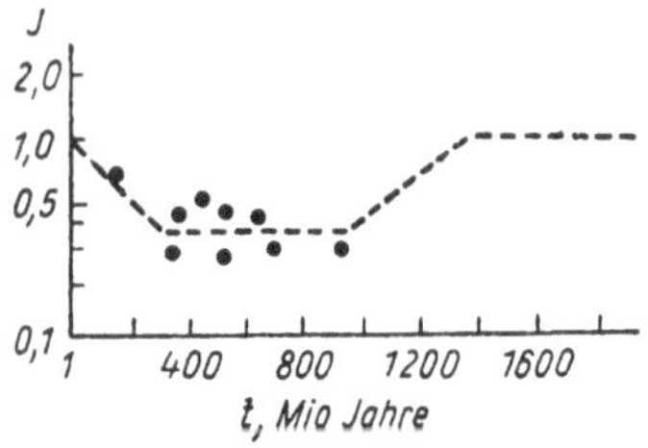

Abb. 39. Intensitätsänderung der galaktischen kosmischen Strahlung I im Sonnensystem im Verlauf der vergangenen 2 Milliarden Jahre im Vergleich zu dem gleich 1 gesetzten gegenwärtigen Niveau. Die Werte wurden von der sowjetischen Wissenschaftlerin A. K. LAVRUCHINA und ihren Mitarbeitern aus der Analyse der Isotopenzusammensetzung von Meteoriten erhalten

kosmischen Alter von 1,4—2,2 Mrd. Jahren gewonnenen Daten sprechen dafür, daß in dieser Periode die Intensität der kosmischen Strahlung etwa der gegenwärtigen entsprochen haben könnte. Es gibt Hinweise dafür, daß vor etwa 100 Mill. Jahren die Intensität wieder auf etwa den heutigen Wert anwuchs. Offensichtlich war die Intensität der galaktischen kosmischen Strahlung einer periodischen Veränderung unterworfen (Abb. 39).

Als völlig unerwartet erwies sich bei der Untersuchung von Meteoriten die folgende Tatsache. In allen steinernen Meteoriten von etwa gleichartiger chemischer Zusammensetzung, die in verschiedenen Perioden der letzten beiden Sonnenzyklen (1959—1970) die Erde erreichten, wurde ein konstanter Gehalt des Radioisotops Natrium-22 festgestellt. Dies bedeutet, daß in einer Sonnenentfernung von 1,5—5 A. E., d. h. im Gebiet zwischen den Bahnen von Mars und Jupiter, in dem die Meteoriten die größte Zeit ihrer Existenz verbringen, der Fluß der kosmischen Strahlung im Verlauf des gesamten Zyklus der Sonnenaktivität konstant blieb! Andererseits schwankte die Intensität der galaktischen Teilchen an der Grenze der Erdatmosphäre in dieser Periode um mehr als den Faktor 2. Somit stehen die an Meteoriten gewonnenen Ergebnisse in starkem Widerspruch zu den eingebürgerten Vorstellungen über die Ausbreitung des Sonnenwindes und der magnetischen Felder im interplanetaren Raum.

Eine von A. K. Lawruchina vorgeschlagene mögliche Erklärung dafür besteht in folgendem. Der Sonnenwind erfährt hinter der Erdbahn eine Kontraktion zur Ebene der Ekliptik, in der sich die Planeten und Asteroiden bewegen und in der auch die Bahnen vieler Meteoriten liegen. Bei Kenntnis der Bahn und der Umlaufgeschwindigkeit auf den verschiedenen Abschnitten der Bahn läßt sich die integrale Intensität der galaktischen kosmischen Strahlung für den Bahnabschnitt berechnen, den der Meteorit in der dem 1,5fachen der Halbwertszeit des jeweiligen Radioisotops entsprechenden Zeit durchläuft. Somit gestattet die Bestimmung des Gehalts an Radioisotopen mit verschiedenen Halbwertszeiten in Meteoriten, die zu unterschiedlichen Zeiten des 11jährigen Sonnenzyklus auftreffen, den Radius des Gebietes genau zu ermitteln, außerhalb dessen die Schwankungen der Sonnenaktivität bereits nicht mehr in der Lage sind, den Isotopengehalt zu beeinflussen.

Die Analyse des Gehalts von Radioisotopen in 10 Steinmeteoriten der Jahre 1959—1970 führte zur Schlußfolgerung, daß die Grenze, hinter welcher die 11jährige Modulation praktisch nicht mehr spürbar ist, in etwa 2 A. E. Entfernung von der Sonne liegt. Weshalb endet gerade hier — 300 Mill. km von der Quelle der Störungen entfernt — deren „feuriger Atem"? Es erwies sich, daß diese Grenze mit dem Beginn des Asteroidengürtels zusammenfällt. In ihm entstehen durch Zusammenstöße von Mikroasteroiden turbulente Gase, die vom Sonnenwind ionisiert werden und turbulente Magnetfelder hervorrufen. Diese bilden offensichtlich die unsichtbare Barriere für die Ausbreitung des Sonnenplasmas und der solaren kosmischen Strahlung.

5. Die Sonne — eine Quelle kosmischer Strahlung

Vor mehr als zweitausend Jahren schrieb der römische Dichter und Gelehrte LUCRETIUS:

Auch mag die Sonne, die rötliche Leuchte des Himmels,
eine Vielzahl an heißen Feuern besitzen, uns unsichtbaren,
die sie umgeben ohne jedweden Glanz, nur
ihre Kraft vermehrend durch der Strahlen Wärme.[1])

Mit modernen Begriffen könnte man die Worte des LUCRETIUS als Vorausahnung der Existenz der infraroten Strahlung der Sonne auffassen. Die Sonne, diese „ewig junge Flamme" nach den Worten des modernen indischen Dichters S. PANT, versorgt ja die Erde wirklich ununterbrochen mit sichtbarem Licht ebenso wie mit unsichtbarer Wärme und ultravioletter „bräunender" Strahlung. Das ist aber bei weitem nicht alles, was uns der nächste, der „einfachste" unter der Vielfalt der Fixstérne gibt.

Die Menschheit dankt der Sonne das Leben selbst und interessiert sich deshalb für sie von alters her. Die Angst vor der Sonne wurde von ihrer Anbetung abgelöst, aber die Oberhand gewann die Neugier, und die Menschen erfuhren vieles über ihr Tagesgestirn.

Selbst im Charakter eines nahestehenden Menschen entdeckt man immer wieder neue, nicht immer verständliche (und nicht immer angenehme!) Seiten. Auch die Sonne hat ihren Charakter, und nur die Unzulänglichkeit des menschlichen Wissens und der Beobachtungsinstrumente gestatteten es bis in die jüngste Zeit hinein nicht, einige seiner sehr wichtigen Seiten zu erkennen.

---

[1]) Über die Natur der Dinge. Verlag AN SSSR 1946, Teil I, S. 317.

Besonders stürmisch tritt der Charakter der Sonne während der Sonneneruptionen zutage – mächtiger Ausbrüche von Energie und Materie aus ihrer glühenden Atmosphäre.

Während der Eruptionen herrschen auf der Sonne Bedingungen für die Beschleunigung von Elektronen, Protonen und noch schwereren Teilchen auf Energien bis etwa 10^{10} eV (für Protonen)[1]. Es ist üblich, diese Teilchen wegen ihrer Ähnlichkeit mit der kosmischen Strahlung galaktischen Ursprungs als solare kosmische Strahlung zu bezeichnen (vgl. Abb. 3).

Die solare kosmische Strahlung ist eng mit der Röntgen- und Radioemission der Eruptionen verbunden und hat großen Einfluß auf die dynamischen Prozesse im interplanetaren Raum. Auf die große Bedeutung der solaren kosmischen Strahlung in der Erforschung der Ionosphäre und der Funkwellenausbreitung, insbesondere in den polaren Breiten der Erde, wurde bereits hingewiesen. Um die solare kosmische Strahlung etwas näher kennenzulernen, beginnen wir mit den „außergewöhnlichen Vorkommnissen", die in der täglichen Arbeit der Kosmosphysiker manchmal auftreten.

Ein unerwartetes Ereignis. Der 28. Januar 1967 war ein gewöhnlicher Wintertag, und nichts deutete auf irgendwelche besonderen Ereignisse auf der Erde oder im Kosmos hin. Das geomagnetische Feld war ruhig, die Sonnenaktivität gering.

Um 8.15 Uhr Weltzeit begann die Intensität der kosmischen Strahlung unerwartet zuzunehmen. Der Strahlungsfluß wuchs im Verlauf von 3 Stunden an, um dann wieder langsam auf den normalen Wert abzusinken. Diese Erscheinung war besonders ausgeprägt in mittleren und höheren Breitengraden zu beobachten. Beispielsweise nahm in Moskau der Strahlungsfluß um 6%, in der ant-

[1]) Derartig hohe Energien wurden in den größten Teilchenbeschleunigern erst vor wenigen Jahren erreicht. Beispielsweise beschleunigt die Anlage in Serpuchow Protonen bis zu Energien um $7 \cdot 10^{10}$ eV.

arktischen Station Wostok um fast 40% im Vergleich zum normalen Untergrundniveau zu (Abb. 40). Demnach hatte aus irgendeiner kosmischen Quelle ein zusätzlicher Strom von Teilchen relativ hoher Energie die Erde erreicht.

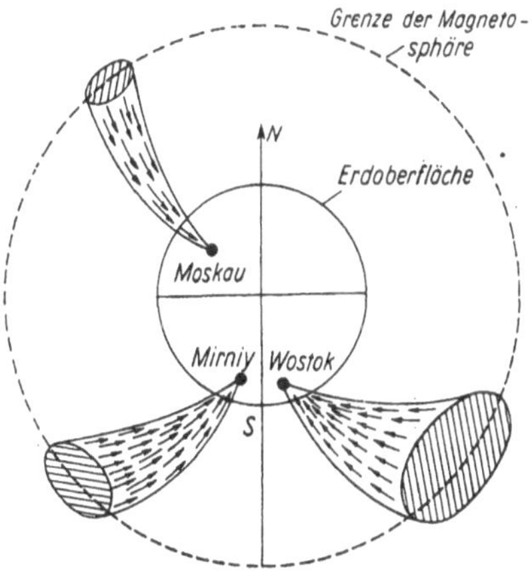

Abb. 40. **Eruption solarer kosmischer Strahlung am 28. Januar 1967 nach den Messungen dreier sowjetischer Observatorien (die schraffierten Flächen sind dem am jeweiligen Beobachtungsort eingefallenen kosmischen Strahlungsfluß proportional)**

Das Erstaunliche an dieser Erscheinung war aber nicht die Tatsache einer Intensitätszunahme der kosmischen Strahlung an sich. Die Wissenschaftler waren dadurch irritiert, daß vor der Intensitätszunahme auf der Sonne keine einzige Eruption sicher nachgewiesen worden war. Andererseits galten Sonneneruptionen als die Quellen schneller Teilchen und die Ursachen für die Zunahme der kosmischen Strahlung auf der Erde. Vielleicht stammten die Teilchen von einer Eruption auf der unsichtbaren Sonnenseite?

Diese Annahme erscheint zunächst unerwartet und zumindest zweifelhaft. Aber Tatsachen sind nun mal hartnäckig: Bereits vor den beschriebenen Ereignissen konnte ein außerordentlich interessanter Fall registriert werden (20. November 1960), wo kosmische Teilchen die Erde erreichten, die ohne allen Zweifel von einer Eruption

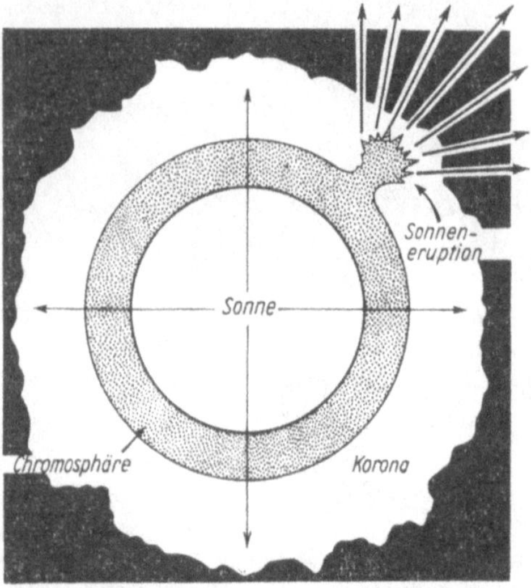

Abb. 41. Hinter dem Rand der Sonnenscheibe „hervorschauende" Sonneneruption vom 20. November 1960. Es war dies der erste Fall, für den nachgewiesen wurde, daß solare Teilchen hoher Energien tatsächlich auch aus Eruptionen auf der unsichtbaren Sonnenseite auf die Erde gelangen

auf der erdabgewandten Sonnenseite stammten. Die Eruption befand sich im aktiven Gebiet bei 120° Länge westlich des zentralen Sonnenmeridians, d. h. 30° hinter dem sichtbaren Sonnenrand. Sie konnte beobachtet werden, weil sie offensichtlich einen gewaltigen Raum in der Sonnenatmosphäre einnahm. Jedenfalls betrug die Höhe des intensiv strahlenden Gebietes mindestens 93000 km über der Sonnenoberfläche (genauer – über der Photosphäre), weshalb die Eruption auch hinter dem Sonnenrand hervorragte (Abb. 41).

Gleichzeitig ging hinter dem Sonnenrand eine Emission von Sonnenmaterie (Plasma) mit einer Radialgeschwindigkeit von etwa 1000 km/s vor sich. Die Eruption wurde von einer Protuberanz von 300000 km Maximalhöhe begleitet. An diesem Tag wurde eine Intensitätszunahme der kosmischen Strahlung auf der Erde und in der Stratosphäre beobachtet.

Den etwas ungewöhnlichen Charakter ungeachtet ähneln die beiden beschriebenen Ereignisse vielen anderen, die in den letzten 30 Jahren beobachtet wurden. Die Eigentümlichkeit dieser beiden Eruptionen verstärkt das Interesse der Astrophysiker an den Prozessen auf der Sonne und im interplanetaren Raum.

In der aus Sonneneruptionen stammenden kosmischen Strahlung wurden Protonen, Helium-, Kohlenstoff-, Stickstoff- und Sauerstoffkerne sowie einige schwerere Elemente nachgewiesen, ebenso Elektronen. Die nukleare Zusammensetzung der solaren kosmischen Strahlung kann von Eruption zu Eruption stark variieren, wobei aber der relative Gehalt an schwereren Kernen (mit einer Ladung $Z \geqq 2$) etwa konstant bleibt und den Gehalt der Elemente in der Sonnenatmosphäre widerspiegelt. In weiten Grenzen ändert sich lediglich das Verhältnis zwischen Protonen einerseits und schwereren Kernen andererseits.

Die Zusammensetzung der solaren kosmischen Strahlung wird wahrscheinlich im wesentlichen durch das Anfangsstadium der Beschleunigung der Teilchen bestimmt. Einige Besonderheiten der nuklearen Zusammensetzung gehen aber vermutlich auch auf bisher noch ungeklärte Details während der späteren Stadien des Beschleunigungsprozesses zurück.

Das Problem der solar-terrestrischen Beziehungen. Die Beschleunigung und Ausbreitung der solaren Teilchen und ihr Auftreffen auf die Erde sind mit einer langen Ereigniskette verbunden, die einer Sonneneruption vorausgeht und sie begleitet. Dieser Zusammenhang ist noch nicht in allen Einzelheiten klar, aber der Ausgangspunkt vieler geophysikalischer Erscheinungen ist geklärt, und der Komplex der von der kosmischen Physik auf diesem Gebiet untersuchten Fragen erhielt die Bezeichnung „Sonne-Erde-Problem“ oder „Problem der solarterrestrischen Beziehungen“.

Dem Problem liegt eine einfache Tatsache zugrunde: Neben der ruhigen Wärmestrahlung, die die mittlere Oberflächentemperatur jedes Planeten des Sonnensystems bestimmt, sendet die Sonne auch andere Strahlungsarten von sporadischem (weniger gleichmäßigem) Charakter aus. In Übereinstimmung mit den modernen Vorstellungen ruft die sporadische Sonnenstrahlung eine Reihe interessanter geophysikalischer Erscheinungen hervor. Dazu gehören in erster Linie die mit unbewaffnetem Auge sichtbaren Polarlichter. Eine weitere Erscheinung — das Auftreten magnetischer Stürme — läßt sich mit einem einfachen Gerät wie dem Kompaß beobachten.

Mit dem Arsenal der modernen experimentellen Technik verfolgt die Wissenschaft ionosphärische Störungen, Modulationen (Abschwächungen und Verstärkungen) der galaktischen kosmischen Strahlung, Einbrüche solarer kosmischer Strahlung usw. Viele für die Lösung des Sonne-Erde-Problems wichtige wissenschaftliche Ergebnisse (zum Beispiel die Entdeckung der Strahlungsgürtel der Erde) konnten erst durch den Einsatz von Sputniks und kosmischen Raketen erhalten werden.

Die modernen Ergebnisse der kosmischen Physik zeugen davon, daß eine Reihe geophysikalischer Erscheinungen durch die Ultraviolett-, Röntgen- und Korpuskularstrahlung der Sonne hervorgerufen wird. Es erwies sich, daß alle diese Strahlungsarten in den Perioden verstärkter Sonnenaktivität zunehmen, besonders ausgeprägt während großer Sonneneruptionen.

Die Ultraviolett- und Röntgenstrahlung der Sonne breitet sich geradlinig aus und beeinflußt offenbar nur die oberen Schichten der Atmosphäre. Die Korpuskularstrahlung besteht vorwiegend aus Protonen und Elektronen. Dieses Plasma übt einen merkbaren Einfluß auf die magnetischen Felder der Erde und des interplanetaren Raums aus.

In Abb. 42 ist schematisch die zeitliche Reihenfolge der Erscheinungen dargestellt, die nach Sonneneruptionen von

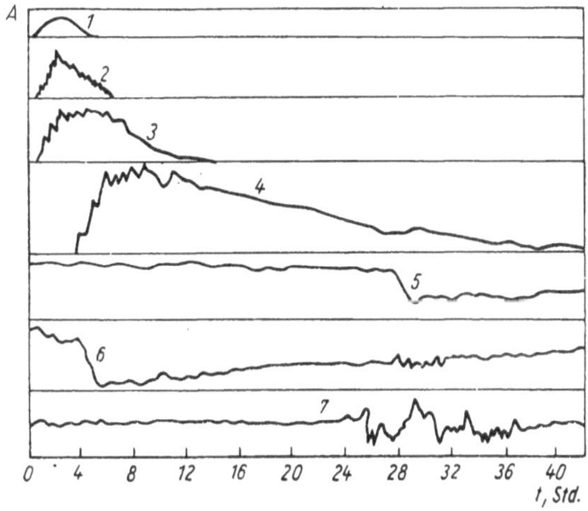

Abb. 42. Schematische Darstellung der durch Sonneneruptionen auf der Erde hervorgerufenen Effekte

1 — sichtbare Strahlung der Eruption; *2* — hochfrequente Radiowellenemission; *3* — niederfrequente Radiowellenemission; *4* — solare kosmische Strahlung; *5* — Schwankungen der galaktischen kosmischen Strahlung (FORBUSH-Effekt); *6* — Absorption des kosmischen Radiorauschens in den Polarregionen der Erde; *7* — Schwankungen des geomagnetischen Feldes (geomagnetische Stürme). Auf der Ordinate sind die relativen Amplituden der Effekte aufgetragen, die Abszisse gibt die Zeit seit Beginn der Eruption in Stunden an

der Erde aus zu beobachten sind. Einige dieser Erscheinungen wurden bereits in den vorangegangenen Kapiteln beschrieben, auf andere werden wir noch eingehen. Ihre Gesamtheit bildet das „Skelett“ der solar-terrestrischen Beziehungen. Diese Bindungen sind vielfältig und schwierig zu erforschen. Von großem Interesse ist für die Kosmophysiker insbesondere die Korpuskularstrahlung der Sonne.

Die Korpuskularstrahlung der Sonne kann in Abhängigkeit von der Teilchenenergie bedingt in drei Gruppen eingeteilt werden: 1. ruhiger Sonnenwind, 2. solare Teilchenströme und 3. solare kosmische Strahlung (vgl. Abb. 3).

Vom Sonnenwind war bereits die Rede. Die solaren Teilchenströme stellen im Grunde genommen einen verstärkten Sonnenwind dar, in dem die Energie der Protonen 10^3—10^5 eV (vgl. Abb. 3) und die Geschwindigkeit ihres Flusses entsprechend 400—4000 km/s erreichen kann (typisch für einen Teilchenstrom ist eine Geschwindigkeit von 1000 km/s bei einer Energie der Protonen von etwa 10^4 eV). Auf die Beeinflussung des geomagnetischen Feldes durch diese Teilchenströme sind in erster Linie geomagnetische Stürme und Polarlichter zurückzuführen.

Gehen wir etwas detaillierter auf die Teilchen des dritten Typs ein. Die Energie der solaren kosmischen Strahlung liegt im Bereich von 10^6—10^{10} eV. Im Vergleich zu den ersten beiden Korpuskularstrahlungstypen ist ihre Konzentration gering, gewöhnlich übersteigt sie den Wert von 10^{-8} cm^{-3} nicht (d. h. ein Hundertmillionstel Teilchen pro cm^3 des Raums). Die Konzentration der Teilchen der galaktischen kosmischen Strahlung ist noch geringer (um 10^{-10} cm^{-3}). Aus diesen Zahlen ebenso wie aus Abb. 3 ist ersichtlich, daß die solare kosmische Strahlung eine Mittelstellung zwischen dem interplanetaren Plasma (ruhiger und verstärkter Sonnenwind) und der kosmischen Strahlung galaktischen Ursprungs einnimmt. Speziell daraus ergibt sich ihre wichtige Rolle für die Erforschung der physikalischen Prozesse im interplanetaren Raum.

Solare kosmische Strahlung in Erdnähe. Die Methoden zum Nachweis der solaren kosmischen Strahlung in Erdnähe ergeben sich aus ihrer Energie. Der erste „Einbruch kosmischer Strahlung", um die dafür eingebürgerte Bezeichnung zu verwenden, wurde am 28. Februar 1942 mit erdgebundenen Geräten — Ionisationskammern —

registriert. Derartige Kammern waren an verschiedenen Punkten des Erdballs auf unterschiedlichen Breitengraden aufgestellt.

In der Vorbereitungsperiode zum Internationalen Geophysikalischen Jahr (1957/58) wurde ein weltweites Netz mit Ionisationskammern und Neutronenmonitoren ausgestatteter Stationen aufgebaut. Diese Geräte, deren Empfindlichkeitsmaximum bei 1–10 GeV liegt, ermöglichen eine zuverlässige Registrierung des hochenergetischen Anteils im Spektrum der solaren kosmischen Strahlung. Das Magnetfeld der Erde beeinflußt die Teilchenbewegung nur bei Energien unter 10 GeV merkbar, deshalb können Teilchen von einem Einbruch sogar an den Äquator gelangen, wo die ablenkende Wirkung des Magnetfeldes maximal ist.

Ein derartiger Fall wurde am 23. Februar 1956 beobachtet, als die Zunahme des Flusses der kosmischen Strahlung im Vergleich zur normalen Untergrundintensität Dutzende, Hunderte und sogar Tausende von Prozenten (in Abhängigkeit vom geomagnetischen Breitengrad) erreichte. Einbrüche dieser Art treten in Abständen von mehreren Jahren auf; der Einbruch vom 23. Februar 1956 übertraf in seiner Stärke alle bisher beobachteten.

Erheblich häufiger (im Mittel einmal im Monat) treten Einbrüche solarer kosmischer Strahlung mit Teilchenenergien zwischen 100–500 MeV auf. Wegen der ablenkenden Wirkung des geomagnetischen Feldes können Teilchen dieser Energien aber nur die hohen Breiten erreichen. Außerdem spielt bei diesen Energien auch die Absorption der Teilchen in der Erdatmosphäre eine starke Rolle, so daß zu ihrer Registrierung der Transport der Meßapparaturen in die hohen Schichten der Stratosphäre mittels Stratosphärenballons oder geophysikalischer Raketen erforderlich ist. Derartige Messungen werden in breitem Umfang in vielen Ländern, darunter der UdSSR, durchgeführt.

Noch häufiger gelangen Teilchen mit Energien von

1–100 MeV zur Erde. Über sie lassen sich Informationen auf direktem Wege, durch Untersuchung der durch sie hervorgerufenen verstärkten Kurzwellenabsorption in den Polargebieten, erhalten. Dieser Effekt tritt bereits wenige Stunden nach einer starken Sonneneruption auf und erfaßt das ganze Gebiet der Polarkappen. Spezielle Geräte – Riometer – verfolgen ständig die Intensität der aus dem Kosmos kommenden Radiowellen (kosmisches Radiorauschen) und reagieren sofort auf kleinste Veränderungen ihrer Intensität.

Prinzipiell neue Möglichkeiten zur Erforschung der solaren kosmischen Strahlung eröffnet der Einsatz künstlicher Erdsatelliten (insbesondere solcher mit langgestreckter, über die Magnetosphäre hinausreichender Umlaufbahn) und automatischer interplanetarer Stationen (AIS); außerhalb von Atmosphäre und Magnetosphäre der Erde lassen sich beliebige solare Teilchen direkt messen.

Solare kosmische Strahlung minimaler Energie (um 1–2 MeV) wurde erstmalig durch den amerikanischen Sputnik „Explorer-12" während der Eruption am 28. September 1961 registriert. Seit dieser Zeit messen sowjetische und amerikanische kosmische Apparate systematisch solare Teilchen geringer Energie sowie den Sonnenwind und die interplanetaren Magnetfelder. In der Sowjetunion werden solche Untersuchungen durch eine große Wissenschaftlergruppe unter Leitung von Akademiemitglied S. N. Vernov durchgeführt. Mit Hilfe von AIS des Typs „Venus", „Sond", „Luna", „Mars", „Lunochod" wurden zahlreiche äußerst interessante Daten erhalten, von denen etwas später noch die Rede sein soll.

Mitte Mai 1969 erreichten die beiden sowjetischen automatischen interplanetaren Stationen „Venus-5" und „Venus-6" nach Zurücklegung von 250 Mill. km die Umgebung unseres (nach dem Mond) nächsten kosmischen Nachbarn. Während der Flugzeit von 4 Monaten registrierten die Geräte der Stationen viele Einbrüche solarer kosmischer Strahlung mit Energien von 1—5 MeV, darunter 12 bedeutende. Vier Einbrüche zeichneten sich durch komplizierte Struktur und große Dauer aus: Jeder einzelne erstreckte sich über nicht weniger als 7 Tage. Die Teilchenströme übertrafen um ein Mehrfaches den Untergrund der galaktischen kosmischen Strahlung im Unterschied zu den wesentlich geringeren Intensitätszunahmen, die während der Flüge von „Venus-2" und „Sond-3" im Dezember 1965 beobachtet wurden. Dies hängt offensichtlich mit der hohen Sonnenaktivität im ersten Halbjahr 1969 zusammen, speziell mit einer Reihe in dieser Zeit beobachteter starker Sonneneruptionen.

Die bisherigen Untersuchungen der solaren kosmischen Strahlung klärten in groben Zügen ihre Zusammensetzung, ihr energetisches Spektrum und den Charakter ihrer Ausbreitung im interplanetaren Raum; es wurde der Zusammenhang zwischen der Emission schneller Teilchen und der Radio- und Röntgenstrahlung der Sonne nachgewiesen; die wesentliche Rolle der solaren kosmischen Strahlung bei verschiedenen geophysikalischen Prozessen wurde geklärt (insbesondere bei der Kurzwellenabsorption in den Polarkappengebieten der Erde). In den letzten 10—15 Jahren wurden darüber hinaus die möglichen Teilchenbeschleunigungsmechanismen in der Sonnenatmosphäre intensiv untersucht. Viele Details der genannten Prozesse sind aber nach wie vor unklar. Es ist dies bedingt durch den dynamischen Charakter des Untersuchungsobjekts, die unzureichende Meßgenauigkeit, durch methodische Schwierigkeiten, aber auch durch die starke zeitliche und räumliche Variabilität der elektromagnetischen Bedingungen auf der Sonne, im interplanetaren Medium und in den erdnahen Bereichen.

Die gegenwärtige Problematik bei der Erforschung der solaren kosmischen Strahlung läßt sich in Form des in Abb. 43 gegeben Schemas darstellen. Die Pfeile bilden das System der „Rückkopplungen", die zwischen den verschiedenen Teilen des betrachteten Problems bestehen. Wenn man die Messung und Interpretation des

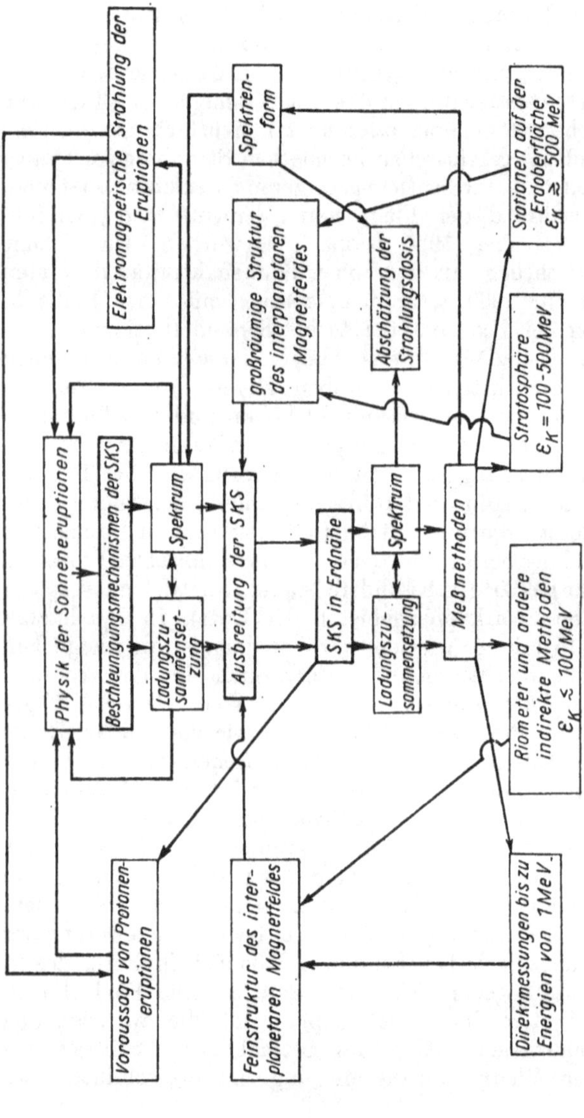

Abb. 43. System der „Wechselbeziehungen“ zwischen den Methoden und Forschungsaufgaben auf dem Gebiet der solaren kosmischen Strahlung (SKS)

Spektrums der solaren Teilchen in Erdnähe in das Zentrum des Problems stellt, wird der Zusammenhang der einzelnen Teile des Problems untereinander besonders offensichtlich.

Achtung, Sonneneruption! Nicht nur Astronomen und Liebhaber der Astronomie, sondern auch einfach interessierte Menschen besitzen eine Vorstellung von Sonnenflecken. Sonnenflecken sind Bereiche von kälterem (im Vergleich zur Umgebung) und damit dunklerem Sonnengas (daher der Begriff „Flecken"). In Flecken treten starke Magnetfelder auf (gewöhnlich zwischen 1200 und 3500 Gauss), wobei benachbarte Flecken Magnetfelder entgegengesetzter Polarität haben können. Geraten zwei solcher Flecken zu nah aneinander, so kann an der Grenzfläche ihrer Felder eine Eruption einsetzen.

Was ist das, eine Sonneneruption? Obwohl optische Beobachtungen von Eruptionen schon seit fast hundert Jahren durchgeführt werden, wird sich kaum ein Astronom finden, der es sich zutraut, auf diese Frage eine eindeutig klare Antwort zu geben.

Eruptionen sind sehr komplizierte Erscheinungen. Ihr direkter Ausdruck ist ein unvermittelter kurzzeitiger Helligkeitsanstieg auf einem begrenzten Gebiet der Chromosphäre der Sonne mit einer Fläche bis zu 0,5% der sichtbaren Halbkugel (s. Abb. 44). Er wird begleitet von einer Umformierung der Magnetfelder längs der Berührungslinie der Flecken, von einem mächtigen Energieausstoß (elektromagnetische Strahlung von Röntgenstrahlen bis zu Radiowellen sowie Teilchen mit Energien von Hunderttausenden bis zu vielen Milliarden Elektronenvolt) und Materieauswurf (Protuberanzen). Der Energieausstoß im Volumen der Eruption (10^{26}—10^{29} cm^3) erreicht 10^{32} erg.

Eruptionen werden gewöhnlich mit speziellen Teleskopen unter Verwendung roter Lichtfilter beobachtet, die nur Licht der Wellenlänge 6563 Ångström (1 Å $= 10^{-8}$ cm) durchlassen. Diese Strahlung (die sogenannte

Linie H_α) stammt vom Wasserstoff, aus dem die Sonnenatmosphäre im wesentlichen besteht. Da die Eruptionen eng mit den Sonnenflecken zusammenhängen, können sie auf beliebigen Längengraden auftreten, aber nur im

Abb. 44. Sonneneruption auf dem dunkleren Hintergrund des Gases der Photosphäre der Sonne. Die irreguläre Form der Eruption sowie die einzelnen hellen Teile sind ein Ausdruck der komplizierten Struktur der Magnetfelder in der Sonnenatmosphäre

Bereich der heliographischen Breiten zwischen 30° südlicher Breite und 30° nördlicher Breite. In einigen Fällen treten Eruptionen am westlichen Rand der Sonnenscheibe auf, wobei auf der Erde gewöhnlich eine besonders starke Zunahme der solaren kosmischen Strahlung beobachtet wird.

Die Flußdichte solarer Teilchen auf der Erde ändert sich, wie wir bereits wissen (Abb. 16), hinsichtlich der Zeit auf eigentümliche Weise: Nach starkem Anstieg bis zu einem Maximum folgt ein langsamer Abfall. Die Zeitdauer der Anstiegsphase kann von 10 min bis zu einigen Stunden schwanken in Abhängigkeit vom Typ der

Eruption und von der Energie der Teilchen. Die Abnahmephase erstreckt sich meist über viele Stunden. Diese Besonderheiten der Zeitabhängigkeit der solaren Teilchenströme hängen mit den Bedingungen beim Verlassen des Beschleunigungsgebietes und bei der Ausbreitung der Teilchen im interplanetaren Raum zusammen.

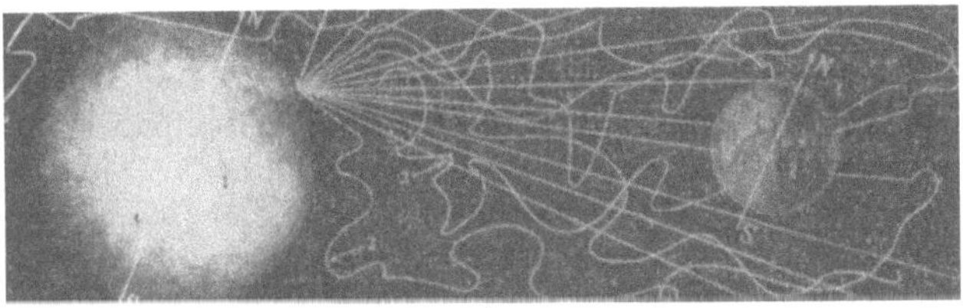

Abb. 45. Sonneneruption vom 23. Februar 1956 und die kosmische Strahlung dieser Eruption im interplanetaren Raum. Die Teilchen sehr hoher Energien wurden durch das interplanetare Magnetfeld nur wenig gestreut und erreichten die Erde etwa 10—20 min nach der Eruption. Die übrigen, vom interplanetaren Feld stark gestreuten Teilchen erreichten die Erde mit erheblicher Verzögerung und gelangten vorwiegend in deren Polarbereiche
1 — Sonne; *2* — Erde; *3* — Flugbahnen der kosmischen Teilchen im interplanetaren Magnetfeld

Den Prozeß des Austrittes solarer Teilchen unterschiedlicher Energie aus dem Beschleunigungsbereich kann man auf die folgende Weise beschreiben. Sind in der solaren kosmischen Strahlung Teilchen sehr hoher Energie enthalten, so wirken sich die solaren Magnetfelder nur geringfügig auf deren Bewegung aus. Die Partikel des hochenergetischen Teils des Spektrums überwinden deshalb die magnetischen Felder der Sonnenatmosphäre relativ schnell. Sie gelangen schnell zur Erde und rufen eine Intensitätszunahme der kosmischen Strahlung auf der Erde kurz nach der Sonneneruption hervor. Der Fluß derartiger Teilchen ist ausgeprägt anisotrop (scharf gerichtet), d. h., sie erreichen die Erdnähe in Form eines engen Bündels (Abb. 45).

Teilchen mit einer etwas geringeren Energie, die dem Einfluß der Magnetfelder von Korona und Sonne stärker ausgesetzt sind, benötigen offenbar eine größere Zeit, um die Sonnennähe zu verlassen, und sie gelangen deshalb später auf die Erde. Die Verzögerung ist dabei zum Teil auch auf die geringere Geschwindigkeit dieser Teilchen zurückzuführen.

Partikel mit noch geringerer Energie können das über der Eruption befindliche magnetisierte Plasma nicht überwinden. Ihr Druck kann aber so stark sein, daß er dieses Plasma mit großer Geschwindigkeit hinausstößt, wobei dann die Teilchen durch den gebildeten „Tunnel" die Sonnenumgebung verlassen und in den interplanetaren Raum gelangen können. Derartige Teilchen erreichen mit großer Verspätung die Erde, bedingt durch die für das Durchlaufen der Korona und Superkorona im Korpuskularstrom erforderliche Zeit und die relativ langsame Diffusion der Teilchen im interplanetaren Raum.

Die Diffusion der solaren kosmischen Strahlung im interplanetaren Raum. Meist läßt sich die Ausbreitung der solaren Teilchen mit Energien zwischen $10^8 - 10^9$ eV im interplanetaren Raum in mehr oder weniger guter Näherung durch ein Diffusionsmodell erklären.

In diesem Modell wird die Bewegung der kosmischen Strahlung der Brownschen Teilchenbewegung in Flüssigkeiten oder der Diffusion eines Gasmoleküls gleichgesetzt. Ein solcher Prozeß wird durch den Diffusionskoeffizienten $\varkappa = \Lambda v/3$ charakterisiert, der zahlenmäßig gleich der Hälfte des mittleren Quadrats der Entfernung ist, die ein Teilchen in einer Sekunde zurücklegt. Die Größe v ist die Geschwindigkeit der kosmischen Teilchen längs der magnetischen Feldlinien, Λ ist die effektive mittlere freie Weglänge, die von der Konfiguration des Feldes abhängt (im einfachsten Fall ist Λ gleich der Größe des Bereichs mit annähernd homogenem Magnetfeld).

Die Untersuchungen der auf der Sonne erzeugten kosmischen Strahlung zeigten, daß bereits wenige

Stunden nach dem Beginn einer Eruption der Fluß der solaren Teilchen isotrop wird und ihre Intensität proportional zu $t^{-3/2}$ abnimmt. Dieser Verlauf der Intensitätsänderung mit der Zeit entspricht dem Diffusionsmodell der Teilchenausbreitung in den inhomogenen magnetischen Feldern des interplanetaren Raumes.

Ein möglicher Einwand gegen derartige Diffusionsmodelle besteht darin, daß die kosmische Strahlung an bestimmte Feldlinien gebunden sein müßte und deshalb nicht frei im Raum diffundieren kann. Dabei muß aber gesehen werden, daß eine durch die Feldinhomogenitäten bedingte Teilchendrift auftritt, die zu einer „Wanderung" der Partikel zwischen den einzelnen Feldlinien führt.

Darüber hinaus kann auch von keiner festen „Bindung" der Teilchen an bestimmte Feldlinien gesprochen werden, wenn die in der kosmischen Strahlung enthaltene Energiedichte in die Größenordnung der Energiedichte des magnetischen Feldes kommt. In diesem Fall bestimmt nicht das Feld die Bewegung der kosmischen Teilchen, sondern die Teilchen bestimmen zu einem erheblichen Teil die Konfiguration des Feldes. Diese beiden Überlegungen ermöglichen es, von einer zwangsläufigen „Vermischung" zu sprechen, die sich näherungsweise mit einer Diffusionsgleichung beschreiben läßt.

Somit ist für die Anwendbarkeit des Diffusionsmodells in erster Linie ein bestimmter Grad von „Unordnung" des interplanetaren Magnetfeldes erforderlich. Ohne auf die möglichen Ursachen für das Auftreten magnetischer Inhomogenitäten einzugehen, sei bemerkt, daß überzeugende experimentelle Fakten auf ihre Existenz hinweisen. Beispielsweise verteilt sich der Fluß der solaren kosmischen Strahlung in der Anfangsperiode einer Eruption so über die Erdoberfläche, als ob die Partikel nicht von einem Punkt (der Sonne), sondern aus einer räumlich „verwaschenen" Quelle stammen würden (diesen Effekt bezeichnet man als „Verbreiterung des visuellen Bildes der Strahlungsquelle"). Außerdem läßt sich eine Verspätung für die auf der Erde eintreffenden Teilchen geringerer Energie beobachten, was auf deren größere Streuung im interplanetaren Raum zurückzuführen ist. Direkte Messungen mittels interplanetarer automatischer Stationen bestätigen ebenfalls das Vorhandensein magnetischer Inhomogenitäten.

Nicht minder wichtig ist die Bedingung, daß die solaren Teilchen sich sowohl im interplanetaren Magnetfeld als auch im geomagnetischen Feld unabhängig voneinander bewegen. Die Einhaltung dieser Forderung unterliegt für das interplanetare Feld und die Mehrzahl der Eruptionen keinem Zweifel, wenn man bedenkt, daß zwar die Feldstärken gering sind (10^{-5}—10^{-4} Gauss), das gleiche aber auch für die Teilchendichte der solaren kosmischen Strahlung gilt (nicht mehr als 10^{-8} Protonen/cm^3).

Hinsichtlich der Bewegung der solaren Partikel im geomagnetischen Feld kann man Teilchen mit Energien über 10 MeV als voneinander unabhängig ansehen, während Teilchen geringerer Energie als leitendes Gas — Plasma — aufzufassen sind (vgl. Abb. 3). In bestimmten Fällen gilt die letztgenannte Feststellung auch für Teilchen mit Energien über 10 MeV. So war am 15. Juli 1959 für solare Teilchen mit Energien von 100—400 MeV die Energiedichte so hoch (über 10^{-9} erg/cm^3), daß sie ein Magnetfeld bis zu 10^{-4} Gauss kollektiv „überwinden" und relativ tief in die Magnetosphäre der Erde eindringen konnten.

Aus der Lösung der Diffusionsgleichung folgt, daß die Zeitabhängigkeit der Intensität der solaren Teilchen für den Zeitpunkt $t_{\max} = r_♁^2/6\varkappa$ ein Maximum aufweist (hierbei ist $r_♁$ der Radius der Erdbahn und $\varkappa = \Lambda v/3$ der Diffusionskoeffizient). Das Diffusionsmodell beschreibt den Ausbreitungsprozeß der solaren Teilchen näherungsweise und bedarf deshalb der Präzisierung und Weiterentwicklung, um einer präzisen Beschreibung des realen Ausbreitungsprozesses näherzukommen (eine genaue Beschreibung des Prozesses liefert das kinetische Modell). Aber bereits aus dem einfachen Diffusionsmodell für die Ausbreitung der solaren Teilchen lassen sich wichtige Hinweise auf die Prozesse auf der Sonne und im interplanetaren Raum gewinnen.

Es hängt dies damit zusammen, daß die Steilheit des ansteigenden und des abfallenden Astes der Zeitabhängigkeitskurve, die Lage und die Breite des Maximums ebenso wie die Wachstumsamplitude im wesentlichen von der Lage der Eruption auf der Sonnenscheibe, der Emissionsdauer und dem energetischen Spektrum der Teilchen sowie von der Verteilungsdichte der aufmagnetisierten „Wolken“ (Inhomogenitäten) im interplanetaren Raum bestimmt werden. In erster Näherung nimm man an, daß die Sonne die beschleunigten Teilchen sehr kurzzeitig (momentan) emittiert und der interplanetare Raum zumindest bis zu einem Abstand von einigen Astronomischen Einheiten gleichmäßig von Magnetwolken erfüllt ist.

Stöße solarer Teilchen mit „Magnetwolken“. Das moderne Modell des interplanetaren Mediums beruht auf der Vorstellung einer von der Sonne ausgehenden, zeitlich und räumlich dynamisch veränderlichen Bewegung von Inhomogenitäten des magnetischen Feldes („magnetischen Wolken“). Davon ausgehend müssen Teilchen, die während Sonneneruptionen beschleunigt werden, bei Stoßprozessen eine Beschleunigung oder Abbremsung erfahren in Abhängigkeit davon, ob sie Magnetwolken einholen oder mit ihnen „frontal“ zusammenstoßen.

Bei Stößen mit magnetischen Inhomogenitäten ist die Beschleunigung durch das elektrische Feld $\vec{E} = -1/c[\vec{u}\vec{H}]$ bedingt, das durch Bewegung des Magnetfeldes $\vec{H}$ im ionisierten Medium (Plasma) mit der Geschwindigkeit $\vec{u}$ hervorgerufen wird (Abb. 46). Dieser Effekt liegt dem statistischen FERMI-Beschleunigungsmechanismus zugrunde. Die solaren Teilchen bewegen sich in einem auseinanderstrebenden Fluß von Inhomogenitäten des magnetischen Feldes. Letztlich muß dies zu einer bestimmten Abnahme der Teilchenenergie führen, da die Teilchen im wesentlichen „Einholstöße“ erleiden. Dieser Abbremsmechanismus wird manchmal als umgekehrter statistischer Fermi-Mechanismus (oder Anti-Fermi-Bremsmechanismus) bezeichnet.

Eine Abschätzung des Bremsmechanismus im Rahmen der Diffusionstheorie zeigt, daß nur für sehr niederenergetische Teilchen die Verzögerung merkbar wird und

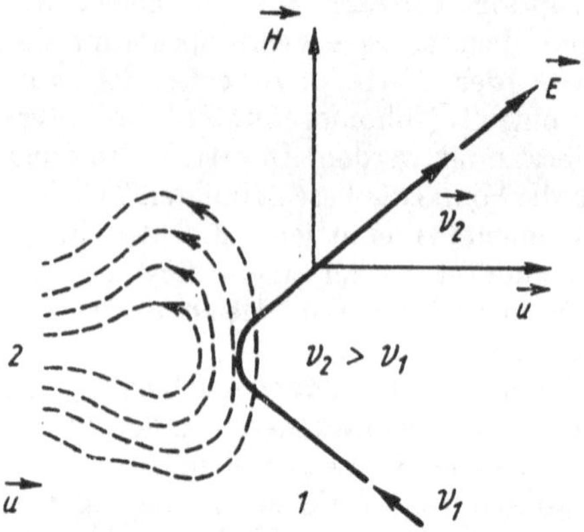

Abb. 46. Zusammenstoß zwischen einem Teilchen (1) und einer sich bewegenden Magnetwolke (2). Durch die Bewegung der Wolke tritt ein elektrisches Feld $\vec{E}$ senkrecht zu den Vektoren $\vec{H}$ und $\vec{u}$ auf. Dieses Feld beschleunigt ein entgegenkommendes Teilchen und bremst ein die Wolke überholendes Teilchen ab

berücksichtigt werden muß. Die Abbremsung führt zu einer Verflachung des Spektrums im Bereich geringer Energien, d. h. zu einem Spektrum mit kleinerem Exponenten γ. Andererseits muß bei einem flachen Verlauf des Spektrums bei kleinen Energien die Verzögerung teilweise wieder durch die Intensitätsabnahme kompensiert werden, die durch die Konvektion der Teilchen im Sonnenwind bedingt ist.

Es wurde schon erwähnt, daß das Diffusionsbild dann am eindeutigsten ist, wenn die zur Intensitätssteigerung der solaren kosmischen Strahlung auf der Erde führende Sonneneruption am Westrand der Sonnenscheibe vor sich ging. Dies führte zum Gedanken, daß neben den die Teilchen streuenden magnetischen Wolken (Inhomogenitäten) im interplanetaren Raum ein reguläres Magnetfeld H_0 vorhanden ist. Seine Feldlinien müßten, bedingt durch die Rotation der Sonne, etwa in der auf Abb. 28 dargestellten Weise gekrümmt sein. In diesem Fall müßte die Diffusion der Teilchen aus dem Beschleunigungsgebiet heraus vorwiegend längs der Feldlinien eines solchen interplanetaren Feldes erfolgen.

Wenn während einer Eruption der aktive Bereich der Sonne und die Erde durch eine Feldlinie verbunden sind, nimmt der direkte Teilchenfluß auf der Erde sehr schnell zu. Allerdings werden die Teilchen von den magnetischen Inhomogenitäten effektiv gestreut, so daß einige Zeit nach der Eruption der Fluß der solaren kosmischen Strahlung isotrop wird und proportional zu $t^{-3/2}$ abnimmt.

Was stellen die magnetischen Inhomogenitäten dar? Die einfachste Inhomogenität kann eine Krümmung eines Feldlinienbündels sein (Abb. 47). An der Stelle der Biegung verdichten sich die Linien, d. h., das Magnetfeld nimmt zu, so daß es die Teilchen stärker streut. Typische Ausmaße solcher Inhomogenitäten, wie sie sich aus der Analyse von Meßwerten an Eruptionen unter Zugrundelegung des Diffusionsmodells ergeben, liegen in der Größe von 0,5—1 Mill. km. Die Entfernungen zwischen ihnen können erheblich (etwa um eine Größenordnung) größer sein.

Interessant ist, daß die Richtung der regulären Komponente des interplanetaren Magnetfeldes aus Messungen an der solaren kosmischen Strahlung bestimmt werden konnte, ehe noch entsprechende direkte Messungen durchgeführt wurden. Beispielsweise folgte aus der Analyse der Meßwerte zur Eruption am 4. Mai 1960, daß in der Anfangsperiode der Eruption alle überzähligen Teilchen annähernd aus der gleichen Richtung kamen — etwa 55° westlich der Linie Erde—Sonne. Direkte

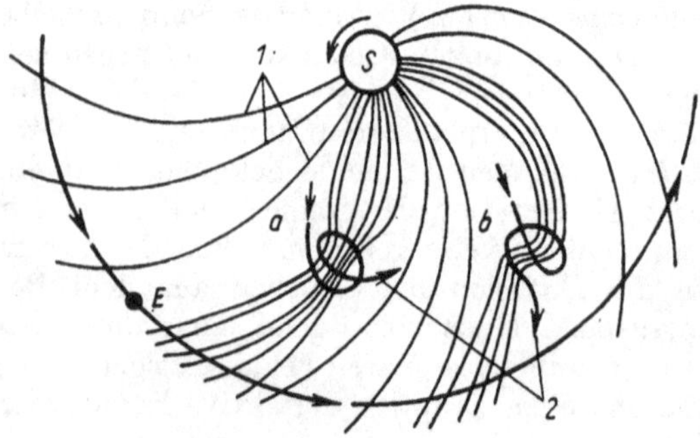

Abb. 47. **Streuung solarer Teilchen an zwei Typen von Inhomogenitäten des interplanetaren Magnetfeldes**

a – Verdichtung der Feldlinien; *b* – Krümmung und gleichzeitige Verdichtung der Feldlinien; *1* – Feldlinien des interplanetaren Magnetfeldes; *2* – Flugbahnen der solaren Teilchen; *S* – Sonne; *E* – Erde

Messungen der Richtung des interplanetaren magnetischen Feldes ergeben eine Neigung von etwa 50°.

Spektrum der Teilchen an der Erde und in der Sonnenatmosphäre. Eine sehr wichtige Charakteristik der solaren Teilchen ist ihr energetisches Spektrum $D(\varepsilon_k)$, d. h. die Abhängigkeit der Zahl der beschleunigten Teilchen von ihrer kinetischen Energie ε_k.

Da die Teilchen unterschiedliche Geschwindigkeiten besitzen, unterscheidet sich auch ihr Diffusionskoeffizient. Deshalb tritt entsprechend der Beziehung $t_{\max} = r_{♁}^2/6\varkappa$ das Intensitätsmaximum für die schnelleren Teilchen früher ein als für die langsameren. Durch Ermittlung der Intensität im Moment des Maximums für Teilchen bestimmter Energie läßt sich eine Vorstellung über die Menge der von der Sonne beschleunigten Teilchen dieser Energie gewinnen.

Durch Gegenüberstellung der Intensitäten in den Maxima für verschiedene Energien erhalten wir ein Spektrum, das sich etwas von dem Spektrum in der Strahlungsquelle (der Sonnenatmosphäre) unterscheidet.

Für relativ geringe Energien ($\varepsilon_k = 100-500$ MeV für Protonen) liegt der Exponent des differentiellen Spektrums für solare Teilchen an der Erde gewöhnlich unterhalb 5.

Im Gegensatz dazu beträgt der Exponent des an der Erde gemessenen Spektrums für sehr hohe Energien (> 1 GeV) fast immer um 5—6.

Die genaue Messung des Energiespektrums der solaren kosmischen Strahlung ist von außerordentlicher Bedeutung für die Theorie der Beschleunigungsmechanismen auf der Sonne, aber auch für die Berechnung des Strahlungsschutzes für bemannte Raumschiffe. Die Möglichkeiten für derartige Experimente sind aber aus mehreren Gründen beschränkt.

Erstens gelingt es wegen des kurzzeitigen Charakters der Eruptionen selten, das Spektrum gleichzeitig in verschiedenen Energiebereichen zu messen. Zweitens sind die Messungen in der Erdbahn im Vergleich zum Spektrum in der Strahlenquelle, d. h. der Sonnenatmosphäre, verzerrt, da die Parameter der Teilchen bei ihrer Ausbreitung (insbesondere der Diffusionskoeffizient) energieabhängig sind.

Außerdem ist es auch bei detaillierter Messung des zeitlichen Verhaltens der Teilchen unterschiedlicher Energie sehr schwierig, aus den experimentellen Werten die gesamte mögliche Information über die Injektionsspektren zu erhalten, d. h. über die Spektren der Teilchen im Augenblick ihrer Emission (Spektrum der Strahlungsquelle). Hindernisse sind dabei in erster Linie der nicht ausreichend klare Ausbreitungsmechanismus im interplanetaren Raum, die geringe Meßgenauigkeit sowie auch die unbekannten geometrischen Bedingungen und die Zeitdauer der Emission von Teilchen verschiedener Energie.

Teilchen, die der Diffusion im interplanetaren Magnetfeld unterworfen sind (d. h. Teilchen mit einer kinetischen Energie von $\varepsilon_k = 10^8-10^9$ eV), werden offenbar in einem Zeitintervall ausgestoßen, das 10—15 min nicht überschreitet. Jedenfalls konnte für große Eruptionen wie die am 23. Februar 1956 festgestellt werden, daß der emittierte Fluß der Teilchen mit Energien von $10^9 - 10^{10}$ eV nach einem exponentiellen Gesetz e^{-t/T_0} abnahm, wobei $T_0 = 15$ min war.

Die Emissionsdauer für Teilchen geringer Energie ($\varepsilon_k = 10^7$ eV) ist überhaupt unbekannt; hinsichtlich Protonen mit einer Energie von 1 MeV und darunter wird angenommen, daß sie nicht in den Eruptionen, sondern im interplanetaren Raum oder in aktiven Bereichen der Sonne beschleunigt werden, die nicht unbedingt mit Eruptionen zusammenhängen. Teilweise wird die Meinung vertreten, daß Teilchen geringer Energien sich in „Magnetfallen" ansammeln können, die über kürzere oder längere Zeiten in der Sonnenatmosphäre existieren. Nach den jetzigen Erkenntnissen kann man mit Sicherheit annehmen, daß im interplanetaren Raum stets eine zeitlich und räumlich variable Untergrundstrahlung an niederenergetischen Protonen vorhanden ist.

Die wichtigste Schlußfolgerung aus der Diffusion der solaren Teilchen im inhomogenen interplanetaren Raum ist die zeitliche Änderung ihres Spektrums. Beispielsweise hatte für die Eruption am 23. Februar 1956 das differentielle Spektrum nach der Teilchenhärte im Intervall von 1,5–4 GV die Form $R^{-3/5}$ für die direkt von der Sonne praktisch ohne Streuung einkommenden Teilchen. Nach einigen Stunden wurde das Spektrum wesentlich anders (R^{-6} oder sogar R^{-7}), d. h., der gestreute Teilchenstrom war mit niederenergetischen Teilchen angereichert.

Eine wesentliche Verzögerung für Teilchen geringer Energie wurde ebenfalls in der Periode der Eruptionen vom 3. September 1960, vom 12. November 1960, vom 28. September 1961 und in vielen anderen Fällen beobachtet. Diese Tatsache läßt sich durch die Annahme erklären, daß der Diffusionskoeffizient mit der Energie (oder Härte) der Teilchen zunimmt. Im weiteren erwies es sich, daß diese Annahme zutrifft und nicht nur hilft, das Verhalten der solaren Teilchen in Erdnähe richtig zu deuten, sondern auch ihr Spektrum in der Strahlungsquelle zu berechnen gestattet.

Ungeachtet der Uneinheitlichkeit und Unvollständigkeit der experimentellen Daten über die solare kosmische Strahlung aus Beobachtungen in Erdnähe lassen sich einige charakteristische Besonderheiten ihres Spektrums feststellen.

Mit unterschiedlichen Methoden wurden die Spektren in verschiedenen Energiebereichen von einigen MeV bis zu Dutzenden GeV gemessen, und zwar nicht nur für Protonen, sondern auch für schwerere Kerne.

Aus der Vielfalt der Meßverfahren, die noch dazu für verschiedene Energiebereiche eingesetzt werden, ergibt sich die Notwendigkeit, die Ergebnisse der verschiedenen Messungen untereinander abzustimmen und eine geeignete Form der Darstellung der Spektren und ihrer zeitlichen Veränderungen zu finden. Üblicherweise wird das differentielle Spektrum in Form einer Potenzfunktion der kinetischen Energie bzw. der Härte der Teilchen dargestellt (d. h. in der Form $\varepsilon_k^{-\gamma_1}$ oder $R^{-\gamma_2}$), wobei γ_1 und γ_2 gleichzeitig Funktionen der Energie (derHärte) und der Zeit sind. Aus dem Experiment ist bekannt, daß γ_1 und γ_2 für kleine ε_k oder R gewöhnlich kleinere Werte annehmen ($\gamma \approx 3$) und bei Zunahme von ε_k bzw. R ein „Knick" im Spektrum auftritt, wobei der Exponent γ auf 5—6 anwächst (Abb. 48). Außerdem nehmen γ_1 und γ_2 in der Regel mit der Zeit zu.

Das von einer Messung erfaßte Energieintervall ist meist sehr schmal, so daß sich das Spektrum der solaren Teilchen mit ausreichender Näherung als Potenzfunktion der Energie bzw. Härte mit dem konstanten Exponenten γ darstellen läßt. Betrachtet man dagegen den gesamten Bereich der Härte bzw. Energie der solaren Teilchen von 1 MeV bis 10 GeV, so ist diese Darstellung nicht mehr befriedigend, obwohl man natürlich annehmen kann, daß γ_1 und γ_2 von der Energie bzw. Härte abhängen.

Für eine genaue Beschreibung der Spektren ist es unumgänglich, die Messungen von Raketen und Sputniks mittels Riometern im Bereich geringer Energien (1–50 MeV) mit Ballonmessungen mittels Zählrohr und Ionisationskammern bei mittleren Energien (70 bis

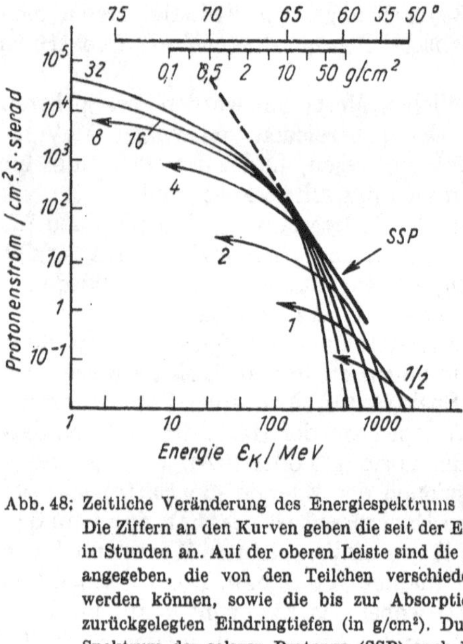

Abb. 48: Zeitliche Veränderung des Energiespektrums der solaren Protonen. Die Ziffern an den Kurven geben die seit der Eruption verflossene Zeit in Stunden an. Auf der oberen Leiste sind die geographischen Breiten angegeben, die von den Teilchen verschiedener Energien erreicht werden können, sowie die bis zur Absorption in der Atmosphäre zurückgelegten Eindringtiefen (in g/cm²). Durch die Gerade ist das Spektrum der solaren Protonen (SSP) nach Messungen im Energiebereich von 100–500 MeV mit Extrapolation in den Bereich kleinerer Energien dargestellt

500 MeV) und mit den Ergebnissen von Beobachtungen an der Erdoberfläche im Energiebereich oberhalb von 500 MeV zu vergleichen. Zu diesem Zweck muß die absolute Empfindlichkeit der erwähnten Detektoren in den einzelnen Bereichen des primären Spektrums bekannt sein. Andererseits setzt die Ermittlung der Empfängerempfindlichkeit klare Vorstellungen über die Form des primären Spektrums voraus. Da das Potenzspektrum der Primärstrahlung einen gleichzeitig von der Energie

(der Härte) und der Zeit abhängigen Exponenten hat, kann man unter diesen Bedingungen nicht von der Genauigkeit der Extrapolation eines solchen Spektrums über mehrere, von verschiedenen Meßmethoden erfaßte Energiebereiche überzeugt sein.

Besonderheiten der Teilchenbeschleunigung in der Sonnenatmosphäre. Die Beschleunigung geladener Teilchen in der Sonnenatmosphäre ist keinerlei besonderes, unikales Phänomen. Beschleunigungsprozesse von Teilchen treffen wir im Kosmos überall dort an, wo zeitlich und räumlich veränderliche Magnetfelder auftreten. Die zeitliche Veränderung eines Magnetfeldes oder seine Ortsveränderung rufen elektrische Felder hervor, aus denen im Prozeß der Beschleunigung die geladenen Teilchen ihre Energie schöpfen.

In Abhängigkeit von der Entstehung des elektrischen Feldes lassen sich die Beschleunigungsmechanismen in statistische und reguläre einteilen. Ihre Theorie ist ausreichend gut ausgearbeitet (wovon beispielsweise die erfolgreiche Arbeit mächtiger Beschleuniger auf der Erde zeugt). Die Aufgabe besteht jetzt darin, die allgemeinen Aussagen der Theorie auf geeignete Weise auf die konkreten Bedingungen der Beschleunigung in der Sonnenatmosphäre anzuwenden. Insbesondere ist es wichtig, die Zusammensetzung der solaren kosmischen Strahlung und ihre Energieverteilung (das energetische Spektrum) zu erklären.

Schon die ersten Untersuchungen zeigten, daß die solare kosmische Strahlung die Erde nicht als monoenergetisches Bündel erreicht, sondern mit unterschiedlichsten Energien, wobei die Teilchenzahl mit wachsender Energie etwa mit $1/\varepsilon_k^{\gamma_1}$ stark abnimmt; γ_1 kann hierbei Werte zwischen 3 und 7 annehmen. Später stellte es sich heraus, daß das Spektrum sich auch als Potenzfunktion des Teilchenimpulses $1/p^{\gamma^2}$ oder ihrer magnetischen Härte $1/R^{\gamma_3}$ beschreiben läßt.

Derartige Vorstellungen über das Spektrum reichen völlig aus, wenn ein schmales Energie- oder Härteintervall betrachtet wird. Geht es dagegen um den gesamten Energiebereich der solaren Teilchen, so ergeben sich, wie schon bemerkt, mit dem „Knick“ des Spektrums zusammenhängende Schwierigkeiten.

Diese Schwierigkeiten gaben Veranlassung, andere Möglichkeiten zur Beschreibung des Spektrums zu suchen. Eine dieser Möglichkeiten ist die exponentielle Darstellung $I(>R) = I_0\, e^{-R/R_0}$, wobei R_0 eine charakteristische Härte ist, die für die jeweilige Eruption nur von der Zeit abhängt; $I(>R)$ ist der Fluß der Teilchen mit einer Härte größer als R und I_0 der Fluß der Teilchen mit $R \geqq 0$. Der Wert von R_0 kann von Eruption zu Eruption variieren. Bei der exponentiellen Darstellung des Spektrums entfällt die Notwendigkeit eines künstlichen „Knicks“ bei niedrigen Energien, da — obwohl R_0 nicht von R abhängt — das Spektrum die gleiche Form aufweist wie bei einem „geknickten“ Potenzspektrum.

Die Idee der exponentiellen Darstellung des Spektrums, die vor etwa 15 Jahren U. Webber vorschlug, wurde an umfangreichem experimentellem Material überprüft. Dabei traten neue Schwierigkeiten und Zweifel auf. Schon seit mehreren Jahren geht die Diskussion um die Frage, welche der drei angeführten Funktionen für die Beschreibung des Spektrums der solaren kosmischen Strahlung am besten geeignet ist.

Die Entscheidung dieser Frage hängt natürlich in erster Linie an der experimentellen Genauigkeit. Die gegenwärtig erreichbare Genauigkeit bei der Bestimmung der Spektrenparameter γ_1, γ_2 oder der Größe R_0 ist noch nicht ausreichend, um eine eindeutige Wahl für die Form des Spektrums treffen zu können. Dennoch zeichnet sich ein Sachverhalt recht deutlich ab: Die charakteristische Härte R_0 im exponentiellen Spektrum für einen relativ schmalen Härtebereich ändert sich in Abhängigkeit von der Zeit während der Eruptionsperiode (nach den Beobachtungen an der Erde), wobei das Spektrum aber seine exponentielle Form bewahrt. Somit beeinflußt offenbar der Ausbreitungsprozeß der solaren Teilchen merklich die Größe R_0, nicht aber die exponentielle Form des Spektrums.

Andererseits hat es sich in einigen Fällen gezeigt, daß für die gleiche Eruption, aber in verschiedenen Härtebereichen, zwei unterschiedliche Spektrenformen angewendet werden können. Beispielsweise hatte das differentielle Spektrum der Eruption vom 23. Februar 1956 für $R > 3$ GV die Form $1/R^{6,8 \pm 0,2}$, während es sich für $R < 3$ GV durch die Exponentialfunktion e^{-R/R_0} beschreiben ließ, wobei $R_0 = 0,3$ GV war.

Letztlich ist es auch nicht ausgeschlossen, daß die drei Spektrenformen drei realen Beschleunigungsprozessen auf der Sonne entsprechen, und es ist Sache der Wissenschaftler, diese „Hierarchie" der verschiedenen Beschleunigungsmechanismen zu klären.

Der statistische Beschleunigungsmechanismus, der 1949 von E. FERMI ausgearbeitet wurde, verteilt die Beschleunigung der Teilchen entsprechend ihren Energien ($1/\varepsilon_k^{\gamma_1}$). Eine solche Beschleunigung tritt unter der Bedingung ein, daß im Raum sich chaotisch bewegende inhomogene magnetische Felder („magnetische Wolken") vorhanden sind. Beim Zusammentreffen mit magnetischen Wolken werden die Teilchen letztlich durch das elektrische Feld $\vec{E} = -1/c[\vec{u}\vec{H}]$ beschleunigt, das bei der Bewegung des magnetischen Feldes $\vec{H}$ mit der Geschwindigkeit $\vec{u}$ auftritt (vgl. Abb. 46). Während der Eruption am 23. Februar 1956 (der stärksten bisher beobachteten Eruption) betrug nach Schätzungen von L. I. DORMAN auf der Grundlage des FERMI-Mechanismus die maximale Energie der beschleunigten Teilchen 20 GeV und der Exponent $\gamma \approx 7$, was annähernd mit den Meßergebnissen übereinstimmt.

Wenn dagegen im Raum ein Magnetfeld vorhanden ist, das mit der Zeit exponentiell anwächst $H = H_0 e^{t/t_0}$, so beschleunigt das dabei entstehende elektrische Feld die Teilchen entsprechend ihrer Härte, und ihr Spektrum hat die Form $1/R^{\gamma_2}$.

Dieser Prozeß der regulären Beschleunigung wird als Betatronbeschleunigung bezeichnet.

Letztenendes ist auch ein Prozeß denkbar, bei dem die Beschleunigung durch ein „kurzlebiges“ elektrisches Feld bewirkt wird, das an das Feld eines Kondensators erinnert, an dessen Platten eine Potentialdifferenz E_0 liegt (Abb. 49).

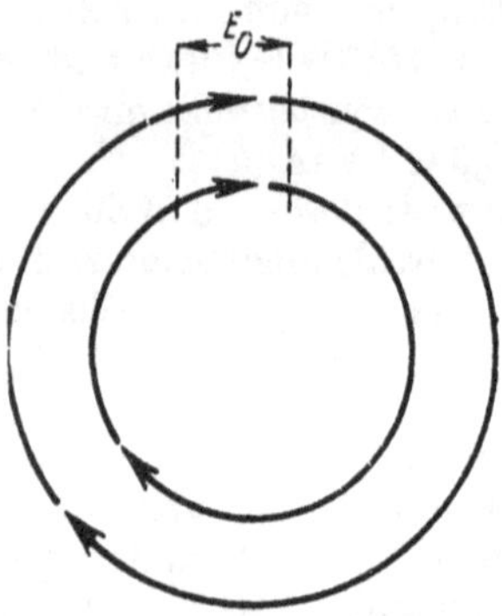

Abb. 49. Hypothetisches Modell der Beschleunigung in einem dem Feld eines Kondensators analogen elektrischen Feld (E_0 – Potentialdifferenz). Das Feld entsteht in einem kleinen Volumen des Sonnenplasmas und existiert kurze Zeit, wobei alle in den Bereich des Feldes gelangenden Teilchen beschleunigt werden. Wenn das Beschleunigungsgebiet von einem senkrecht zur Abbildungsebene gerichteten Magnetfeld umgeben ist, werden die Teilchen wie in einem Zyklotron beschleunigt. Vor dem „Einschalten“ des elektrischen Feldes besitzen die Teilchen die für das Sonnenplasma charakteristische Geschwindigkeitsverteilung. Nach der Beschleunigung kann ihr Spektrum durch die Funktion $\exp(-R/R_0)$ wiedergegeben werden

Auf die Entstehungsbedingungen eines elektrischen Feldes im Sonnenplasma gehen wir etwas später ein. Hier soll nur erwähnt werden, daß die moderne Theorie des Sonnenplasmas die Möglichkeit der Teilchenbeschleunigung durch einen solchen Mechanismus nicht ausschließt. Dabei können die Teilchen beim Beginn des Beschleunigungsprozesses die unterschiedlichsten Anfangswerte R besitzen – die endgültig entstehende Verteilung der Teilchen nach ihrer Härte ist eine Exponentialverteilung exp $(-R/R_0)$. Bei einer Potentialdifferenz von $E_0 = 1{,}6 \cdot 10^4$ V/cm ist die maximale Härte der beschleunigten Teilchen dann 3 GV und $R_0 = 0{,}15$ GV.

Besteht Hoffnung, in der nächsten Zukunft zwischen den möglichen Formen der Spektrenbeschreibung, die physikalisch verschiedenen Beschleunigungsmechanismen entsprechen, eine definitive Wahl treffen zu können? Wie schon gesagt, ist dies allein auf der Grundlage von Daten über die solare kosmische Strahlung wegen der unzureichenden Meßgenauigkeit schwierig. Hilfestellung können hier Angaben über die elektromagnetische Strahlung solarer kosmischer Eruptionen sowie die Plasmatheorie geben.

1963 untersuchten die beiden amerikanischen Astrophysiker W. Stein und E. Ney das elektromagnetische Emissionsspektrum (vom Radiowellenbereich bis zum sichtbaren Licht) in der Anfangsphase von Sonneneruptionen (nach modernen Vorstellungen gehen in dieser Phase die Beschleunigungsprozesse vor sich). Die von ihnen erhaltenen Ergebnisse können als Argument zugunsten eines exponentiellen Härtespektrums gelten: Die elektromagnetische Emission der Eruptionen ist die Emission schneller Elektronen, die in der Eruption beschleunigt werden und deren Spektrum die Form e^{-R/R_0} hat, wobei R_0 den gleichen Wert haben muß wie für die Protonen, die Bestandteil der solaren kosmischen Strahlung sind. Diese Ergebnis bedeutet, daß Elektronen, Protonen und schwerere Kerne bei ihrer Beschleunigung und in der Eruption das gleiche exponentielle Härtespektrum erhalten können.

Hinsichtlich der Theorie störte die Astrophysiker lange Zeit eine fundamentale Schwierigkeit. Das kosmische Plasma besitzt eine sehr hohe elektrische Leitfähigkeit. Deshalb ist es schwer vorstellbar, daß in einem solchen Plasma eine Raumladung entstehen kann, die für die Bildung eines merklichen elektrischen Feldes ausreichend ist — diese Ladung müßte momentan zusammenbrechen.

Im weiteren werden wir aber sehen, daß in einigen besonderen Konfigurationen von Magnetfeldern ein elektrisches Feld in kleinen Volumina auftreten und über Abschnitte existieren kann, die für die Beschleunigung von Teilchen auf relativ hohe Energien ausreichend sind.

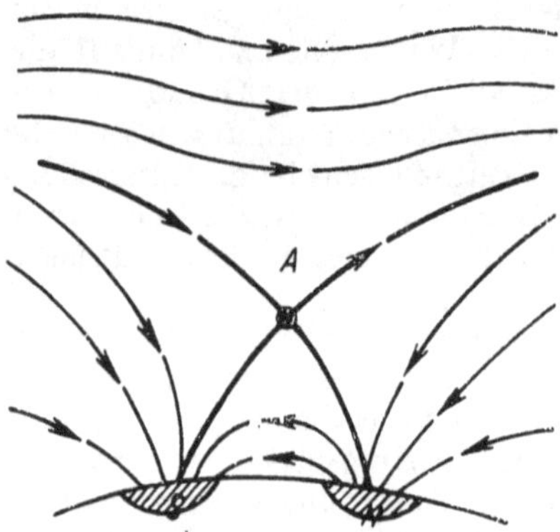

Abb. 50. Entstehung einer Nullinie des magnetischen Feldes im Berührungsgebiet zweier Sonnenflecken. Im Punkt *A* steht die Linie senkrecht zur Abbildungsebene

Eine dieser Konfigurationen entsteht wahrscheinlich in der Sonnenatmosphäre im Grenzgebiet zwischen zwei Sonnenflecken, deren Magnetfelder entgegengesetzt ausgerichtet sind. In diesem Fall wird das Magnetfeld im Bereich der Berührung der beiden Flecken, in dem gewöhnlich die Entwicklung von Eruptionen beginnt, gleich Null — es entsteht eine „Nullinie" (Abb. 50).

Da die Flecken wandern, ändert sich laufend das Bild der Feldlinien. Anstelle der Nullinie entsteht in Wirklichkeit eine dünne Schicht eines elektrischen Stroms („Stromschicht"), die die Bereiche gegensätzlicher magnetischer Orientierung voneinander trennt (Abb. 51). Dabei bilden sich an den Rändern der Stromschicht zwei Stränge von verdichtetem Plasma, die parallel zur Nullinie verlaufen.

Mit der Zeit entfernen sich die Stränge voneinander mit der Geschwindigkeit, mit der sich die Stromschicht ausbreitet. Eine derartige Struktur ist tatsächlich in starken Sonneneruptionen zu beobachten.

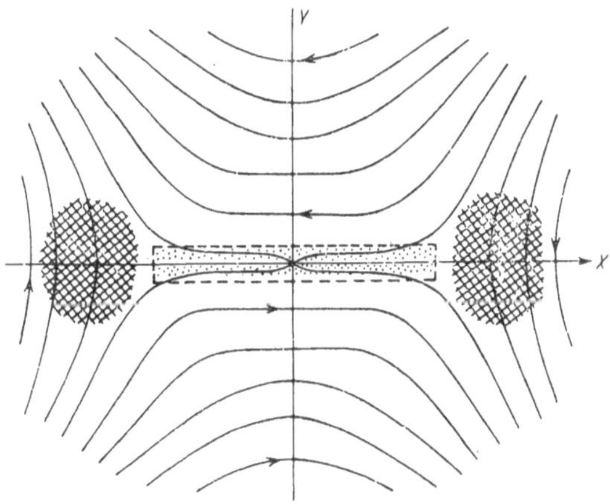

Abb. 51. Stromschicht (punktiert) und Magnetfeld (durchgezogene Linien) über einer sich entwickelnden bipolaren Fleckengruppe. Doppelt schraffiert sind die Gebiete verdichteten Plasmas dargestellt, die als helle Fäden in der Eruption zu beobachten sind. Der Strom fließt senkrecht zu der von den Koordinatenachsen X und Y gebildeten Ebene, die Fäden sind bei Beobachtung „von oben" zu sehen

Die Stromschicht ist ein instabiles Gebilde. Das „Abreißen" des Stroms kann ein starkes elektrisches Feld zur Folge haben, das, in einem relativ geringen Volumen wirkend, in kurzer Zeit eine gewaltige Zahl von Teilchen beschleunigen kann. Auf diese Weise geht die Energie des Magnetfeldes in Energie des elektrischen Feldes und dann in Energie der beschleunigten Teilchen über. Dabei erfahren alle Teilchen ungeachtet ihrer Ladung und Masse einen gleichen „Zuwachs" ihrer magnetischen Härte R.

Die Theorie eines solchen Beschleunigungsmechanismus

durch dynamische Dissipation des magnetischen Feldes (mit schneller Umwandlung seiner Energie in die Energie beschleunigter Teilchen) wird in der UdSSR seit 1965 von S. I. Syrowatski und seinen Mitarbeitern entwickelt.

Das Modell von Syrowatski ist noch nicht in der Lage, die Energie- und Ladungsverteilung der beschleunigten solaren Teilchen zu erklären, obwohl es darauf hinweist, daß das Spektrum der Strahlungsquelle hinsichtlich der Härte eine exponentielle Form besitzen muß. Es beantwortet auch einige andere Fragen nicht. Für das Verständnis der Prozesse auf der Sonne ist es aber bereits wichtig, daß dieses Modell die Möglichkeit des Auftretens beachtlicher elektrischer Felder unter den Bedingungen des gut leitenden Sonnenplasmas bestätigt.

Um endgültige Schlußfolgerungen über den Charakter der Prozesse ziehen zu können, die das Spektrum der solaren Teilchen formen, ist offensichtlich die genaue Kenntnis erforderlich, ob das Spektrum eine exponentielle Form besitzt, ehe es im interplanetaren Raum verändert wird. Die aus der Diffusionstheorie erhaltenen Ergebnisse zeigen, daß das Spektrum der solaren Protonen in der Strahlungsquelle keine exponentielle, sondern eher eine potenzielle Form $\sim \varepsilon_k^{-\gamma}$ besitzt, zumindest im Bereich nichtrelativistischer Energien (10—500 MeV). Übrigens sind die experimentellen Fehler so groß, daß man auch im Bereich kleiner Härten das Injektionsspektrum durch eine exponentielle Funktion beschreiben kann.

Andererseits ist im Bereich großer Härten für die Beschreibung des Spektrums auch eine Potenzfunktion $R^{-\gamma}$ geeignet, wobei die Potenz γ beim Übergang zu kleineren R offensichtlich kontinuierlich abnimmt. Wahrscheinlich sind zur Lösung der Frage über die Form des Injektionsspektrums Angaben über Eruptionen erforderlich, für die das Spektrum über den ganzen Bereich der Härte der solaren kosmischen Strahlung (0,01—20 GV) bekannt ist.

Dem Autor ist es bisher nur für zwei Eruptionen — am 23. Februar 1956 und am 28. Januar 1967 — gelungen, derartige Angaben zu erhalten (Abb. 52). Aus diesen Werten ist zu ersehen, daß eine einheitliche exponentielle Darstellung der Injektionsspektren in einem breiten Bereich von R nicht anwendbar ist (sonst enthielte

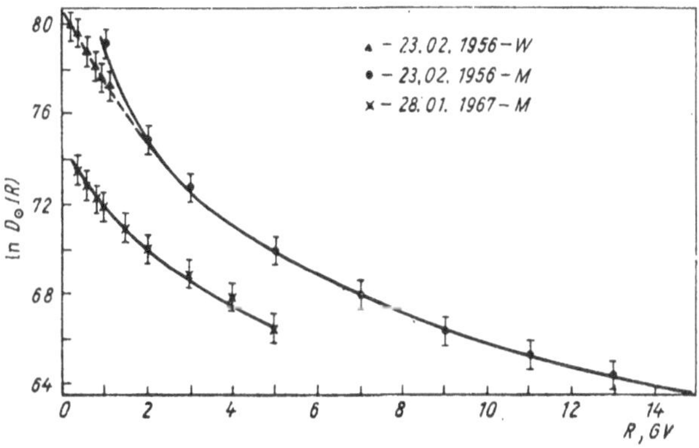

Abb. 52. Injektionsspektren nach der Rigidity für die Eruptionen am 23. Februar 1956 und am 28. Januar 1967 im halblogarithmischen Maßstab. Es ist zu sehen, daß die exponentielle Darstellung des Spektrums $\exp(-R/R_0)$ nicht im gesamten Rigiditybereich anwendbar ist (W — Meßergebnisse des amerikanischen Wissenschaftlers U. Webber, M — Daten des Autors)

Abb. 52 anstelle der Kurven gerade Linien für die Abhängigkeit $D_\odot$ von R im halblogarithmischen Maßstab). Möglicherweise haben wir es hier mit der Überlagerung von zwei Beschleunigungsmechanismen zu tun — dem elektrostatischen und dem Betatronmechanismus (ersterer ergibt ein exponentielles Spektrum e^{-R/R_0}, letzterer ein Potenzspektrum $R^{-\gamma}$). Allerdings liegen zu wenig Meßwerte vor und ihre Genauigkeit ist nicht ausreichend, um definitive Aussagen über die tatsächliche Spektrenform für die Teilchen im Moment ihrer Emission durch die Sonne machen zu können.

Die Interpretation des in der Erdbahn gemessenen Spektrums der solaren kosmischen Strahlung geht deshalb von zwei Alternativvoraussetzungen aus: 1. Die Besonderheiten des Spektrums in Erdnähe ergeben sich aus den Besonderheiten der Mechanismen der Beschleunigung und des Austritts aus dem Eruptionsgebiet auf der Sonne („Magnetfalle" in der Sonnenatmosphäre); 2. die Form des Spektrums im Moment der Emission ändert sich wenig von Eruption zu Eruption, seine Besonderheiten in Erdnähe sind durch den Diffusionscharakter des Teilchenaustritts aus der „Falle Sonnensystem" bestimmt.

Es ist nicht ausgeschlossen, daß beide Prozesse (Beschleunigung und Diffusion) gleichzeitig wirksam sind; gegenwärtig ist aber die Frage noch schwer zu beantworten, welcher von ihnen für die Ausbildung des in Erdnähe zu beobachtenden Spektrums die entscheidende Rolle spielt.[1])

Die Eigentümlichkeit der Beschleunigungsmechanismen für die Teilchen auf der Sonne kommt nicht nur im Spektrum, sondern auch in der Ladungsverteilung der solaren kosmischen Strahlung zum Ausdruck.

Den wesentlichen Teil (über 90%) der solaren kosmischen Strahlung bilden Wasserstoffkerne — Protonen. In den letzten 10—12 Jahren wurden auch Kerne schwererer Elemente — Helium, Kohlenstoff, Stickstoff, Sauerstoff, Neon und einiger anderer — nachgewiesen. Allein die Tatsache ihrer Anwesenheit, ihr energetisches Spektrum und ihr relativer Gehalt sind von außerordentlicher Bedeutung nicht nur für die Erforschung der solaren kosmischen Strahlung, sondern auch für das Verständnis der physikalischen Prozesse in den Eruptionen und für die Erforschung der galaktischen kosmischen Strahlung.

Es wurde schon erwähnt, daß die relative Häufigkeit schwererer solarer Kerne in den Grenzen der Meß-

---

[1]) In den letzten Jahren erschienen Daten über das mögliche Vorhandensein einer oberen Grenzenergie der beschleunigten Teilchen, die sich von Eruption zu Eruption ändert (3—7 GeV) und von den konkreten physikalischen Bedingungen im Beschleunigungsgebiet abhängig ist (D. Heristchi, G. Trottet — Frankreich, J. Perez-Peraza, J. Halindo-Trejo — Mexiko).

genauigkeit der spektroskopisch bestimmten chemischen Zusammensetzung der Sonnenatmosphäre entspricht. Gleichzeitig unterscheidet sich die Zusammensetzung der solaren kosmischen Strahlung merklich von der der galaktischen kosmischen Strahlung, die reicher an schweren Kernen ist (Tabelle 3).

Tabelle 3
Relative Häufigkeit der Atomkerne im Kosmos (die Menge der Sauerstoffkerne ist gleich 1 gesetzt)

Element	Solare kosmische Strahlung	Sonne	Weltraum	galaktische kosmische Strahlung
He	107 ± 14	?	150	48
Li	—	> 10^{-5}	10^{-5}	0,3
Be—B	0,02	< 10^{-5}	10^{-5}	0,8
C	0,59 ± 0,07	0,6	0,26	1,8
N	0,19 ± 0,04	0,1	0,20	≲ 0,8
O	1,0	1,0	1,0	1,0
F	0,03	0,001	10^{-4}	≲ 0,1
Ne	0,13 ± 0,02	?	0,36	0,30
Na	—	0,002	0,002	0,19
Mg	0,043 ± 0,011	0,027	0,040	0,32
Al	—	0,002	0,004	0,06
Si	0,033 ± 0,011	0,035	0,045	0,12
P—Sc	0,057 ± 0,017	0,032	0,024	0,13
Ti—Ni	≲ 0,02	0,006	0,033	0,28

Anmerkung. Die Angaben über die Zusammensetzung der solaren kosmischen Strahlung wurden von S. BISVAS u. a. erhalten; die Angaben über die Zusammensetzung der Sonnenatmosphäre wurden aus den Arbeiten von B. ADLER u. Mitarbeitern, über die Zusammensetzung des Weltraums aus den Arbeiten von G. SÜSS, G. URI und A. CAMERON, über die Zusammensetzung der galaktischen kosmischen Strahlung aus der Arbeit von S. WADDINGTON entnommen. Die Genauigkeit der Angaben in der letzten Spalte liegt bei 10—30%, die der beiden vorangehenden Spalten bei 50%.

Eine der interessantesten Besonderheiten der nuklearen Zusammensetzung der auf der Sonne beschleunigten Teilchen ist die starke Variabilität des Verhältnisses der Protonenintensität zur Intensität der schwereren Teilchen von Eruption zu Eruption (z. B. die Schwankungen des Wasserstoff-Helium-Verhältnisses H/He). Teilweise entspricht das Verhältnis der Protonen zu den schwereren Kernen weitgehend der Zusammensetzung der Sonnenatmosphäre, während in anderen Fällen ein erheblicher Protonenüberschuß zu beobachten ist. Insbesondere wurde festgestellt, daß bei Beobachtung der Eruptionen

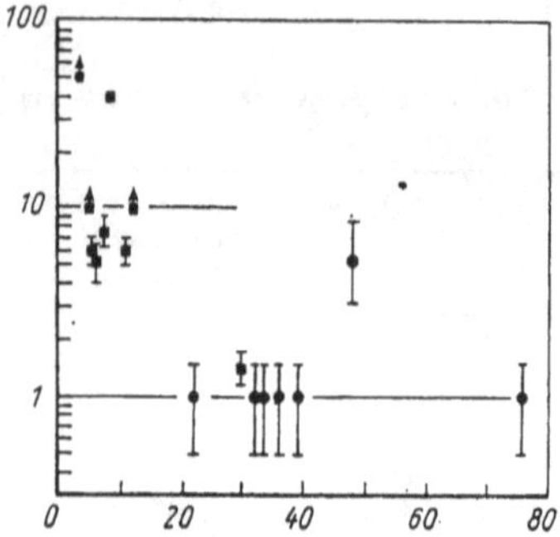

Abb. 53. Intensitätsverhältnisse von solaren Protonen zu α-Teilchen (Ordinate) nach Messungen in der Erdbahn vor (Vierecke) und nach (Kreise) Beginn eines magnetischen Sturmes. Als Nullpunkt der Zeitachse ist der Eruptionsbeginn angenommen (Zeit in Stunden)

vor Beginn des magnetischen Sturmes auf der Erde das Verhältnis H/He sich von Eruption zu Eruption in den Grenzen zwischen 5 und 50 bewegt. Werden die Beobachtungen dagegen nach dem Einsetzen des magnetischen Sturms vorgenommen, so ist das Verhältnis H/He in der Regel gleich 1,0 (Abb. 53).

Diese Variabilität des Verhältnisses H/He läßt sich teilweise durch die Ausbreitungsbedingungen für die Teilchen im interplanetaren Raum erklären. Nach Meinung des Autors ist dies aber nicht die einzige und nicht die hauptsächliche Ursache. Aller Wahrscheinlichkeit nach spiegeln die Veränderungen von Eruption zu Eruption die Besonderheiten der Beschleunigungsprozesse auf der Sonne wider. Man kann zum Beispiel annehmen, daß in den Anfangsstadien der Beschleunigung die Protonen schneller Energie aufnehmen als die schwereren Kerne, so daß der Fluß der solaren kosmischen Strahlung mit Protonen angereichert wird.

Eine andere Erklärung für die Variabilität des Verhältnisses H/He besteht in folgendem. Auf der Sonne existieren offensichtlich zwei Atmosphärenbereiche, in

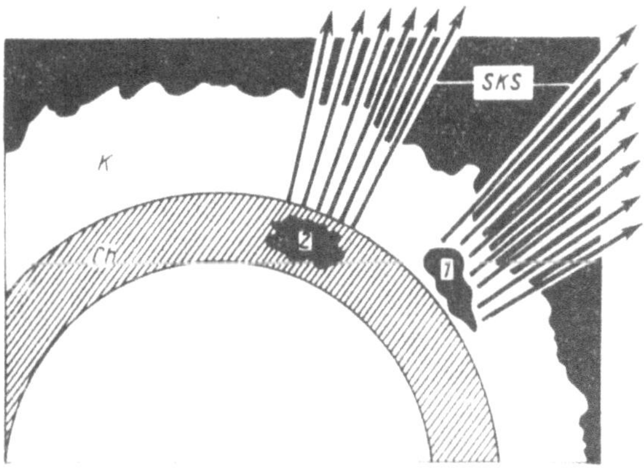

Abb. 54. Zwei Beschleunigungsbereiche in der Sonnenatmosphäre. Erfolgt die Beschleunigung in der unteren Korona (*1*) bei relativ geringer Gasdichte, werden alle Kerne gleichmäßig beschleunigt. Im Bereich *2* mit hoher Dichte (Chromosphäre) werden vorwiegend Protonen beschleunigt
K — Korona; *Ch* — Chromosphäre; *SKS* — solare kosmische Strahlung

denen die Teilchenbeschleunigung vor sich gehen kann — einer mit hoher Dichte (in der Chromosphäre) und einer mit relativ geringer Dichte (in der Korona). Im Bereich mit geringer Dichte werden alle Teilchen in gleicher Weise beschleunigt (Abb. 54). Im Bereich großer Dichte werden vorwiegend die Protonen beschleunigt, während die schwereren Kerne schnell ihre Energie bei Stößen mit den Teilchen der dichteren Atmosphäre abgeben und dadurch schlechter beschleunigt werden. In Abhängigkeit von der Höhe des beschleunigenden Bereiches über der

Sonne ist dann das Verhältnis H/He stark veränderlich.

Dieses Bild von der Beschleunigung wird durch Daten über die Radiowellenemission der Sonne indirekt bestätigt. Offensichtlich kann die Radiowellenemission in gewisser Hinsicht als Indikator für die nukleare Zusammensetzung der solaren kosmischen Strahlung dienen. Aus Beobachtungen ergibt sich tatsächlich, daß der Anteil der schweren Kerne um so größer (und der des Wasserstoffs um so kleiner) ist, je höher die Region der Eruption liegt (z. B. in der unteren Korona); und um so intensiver ist gleichzeitig die Radioausstrahlung im Meterbereich. Wenn dagegen die Eruption tief in der Sonnenatmosphäre (in der Chromosphäre) vor sich ging, so tritt Radiowellenausstrahlung im Zentimeterbereich auf, und die solare kosmische Strahlung in Erdnähe ist mit Protonen angereichert. Von diesen Beobachtungen ausgehend wurde sogar schon vorgeschlagen, die Eruptionen in zwei Klassen — „Chromosphäreneruptionen" und „Koronaeruptionen" — einzuteilen, wobei die letzteren die häufigeren sind.

Hier kommen wir mit einer der ungelösten Fragen der Eruptionentheorie in Berührung — der Frage nach der Höhe ihrer Entstehung oder, nach dem Modell von S. I. Syrowatski, nach der Höhe der Ausbildung der Stromschicht. Die Frage ist von erheblicher Bedeutung, da sich die Gasdichte in der Sonnenatmosphäre stark mit der Höhe ändert. Andererseits hängen die Intensität und andere Eigenschaften der verschiedenen Strahlungsarten von der Gasdichte im Bereich der Eruption ab.

Eine teilweise Antwort auf diese Frage wurde vor nicht allzu langer Zeit gefunden. Auf dem Leningrader Seminar über Teilchenbeschleunigung im Kosmos im Juli 1971 teilten S. I. Syrowatski und sein Mitarbeiter B. W. Somow mit, daß nach ihren Berechnungen in der Nähe der Stromschicht ein „relatives Vakuum" auftreten muß, d. h., die Plasmadichte muß um fünf Größenordnungen abnehmen. Das ist für eine effektive Beschleunigung aller

Teilchen, die in diesen Bereich gelangen, völlig ausreichend. Ohne Zweifel gibt es in der Sonnenatmosphäre Möglichkeiten für die Ausbildung von Stromschichten und die schnelle Umwandlung von Magnetfeldenergie in Energie beschleunigter Teilchen.

Allerdings können sich die konkreten Bedingungen des Auftretens von Eruptionen von Fall zu Fall so stark unterscheiden, daß sich das Gesamtbild der experimentellen Daten nicht mit einem Modell beschreiben läßt.

Gefangene Teilchen. Magnetfallen im Kosmos. Bei Untersuchungen des Verhaltens von Teilchen im Magnetfeld (im Kosmos ebenso wie in irdischen Einrichtungen zur Plasmaforschung) ist oft von magnetischen Fallen für geladene Teilchen die Rede. Vor mehr als 10 Jahren wurde experimentell nachgewiesen, daß solare Teilchen die Erde nicht nur durch Diffusion, sondern auch in magnetischen Fallen erreichen können.

Es wurde schon erwähnt, daß die solare kosmische Strahlung die Ursache für den Ausstoß von magnetisiertem Sonnenplasma und den Auswurf eines Korpuskelstromes sein kann. Beim Ausstoß von Plasma dringt ein Teil der beschleunigten Teilchen in das Plasma ein. Dabei können in das magnetisierte Plasma auch Teilchen sehr geringer Energie eindringen, die bei ausreichend großer Dichte das Magnetfeld abschwächen können und so durch ihren Druck gewissermaßen „Kanäle“ im Magnetfeld erzeugen. Die Teilchen können auch in den Plasmastrom eindriften, der in diesem Falle eine Magnetfalle bildet.

Was ist eine Magnetfalle? Stellen wir uns ein Magnetfeld in Form eines Bündels paralleler Feldlinien vor. Wenn in ein solches Feld ein Teilchen unter beliebigem (aber von 90° verschiedenem) Winkel eindringt, führt es im weiteren schraubenförmige Bewegungen aus, wobei es sich parallel zum Magnetfeld weiterbewegt. Das Teilchen ist somit an den Feldlinien des Magnetfeldes „befestigt“.

Biegt man jetzt das Feldlinienbündel zu einer geschlossenen Schleife zusammen, so folgt das Teilchen weiterhin den gekrümmten Linien und gelangt im Idealfall nicht mehr aus diesem „Teufelskreis“ heraus (Abb. 55). Dieses vereinfachte Schema gibt natürlich die Vielfalt und realen Eigenschaften der in der Natur existierenden Magnetfallen nicht wieder, es illustriert aber die prinzipielle Möglichkeit ihrer Existenz.

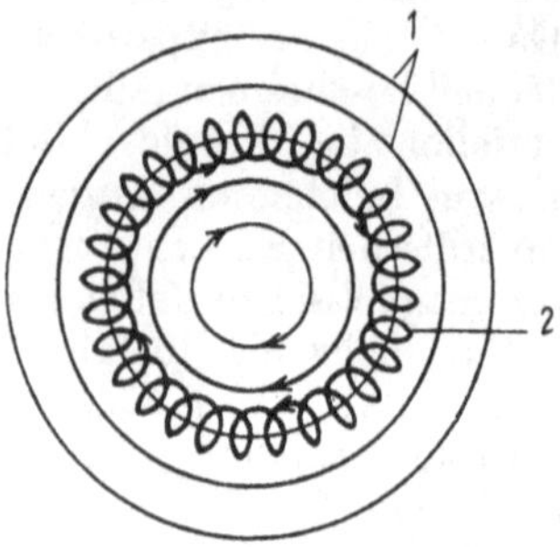

Abb. 55. Flugbahn eines geladenen Teilchens in einer idealen magnetischen Falle
1 — Feldlinien des Magnetfeldes der idealen Falle; *2* — Flugbahn des eingefangenen Teilchens

Damit ein Magnetfeld als Falle für Teilchen auftreten kann, müssen seine Feldlinien nicht unbedingt in sich geschlossen sein. Das ist gut an Abb. 56 zu sehen: In Bereichen, wo die Feldlinien sich verdichten, ist das Feld stärker und das Teilchen wird von diesen eigentümlichen magnetischen Spiegeln reflektiert, seine Bewegungsrichtung kehrt sich um. Wie ein Span im wirbelnden Wasserstrom wird das Teilchen zwischen den Spiegeln hin und her geworfen, bis die Falle aus irgendeinem Grunde zerstört wird.

In der Mehrzahl der bisher registrierten Fälle erreichte die solare kosmische Strahlung die Erde erheblich früher als der Korpuskelstrom und unabhängig von ihm. Teilweise fällt aber die Intensitätszunahme der kosmischen Strahlung zeitlich mit dem Eintreffen des Korpuskularstromes zusammen. Da im Korpuskelstrom

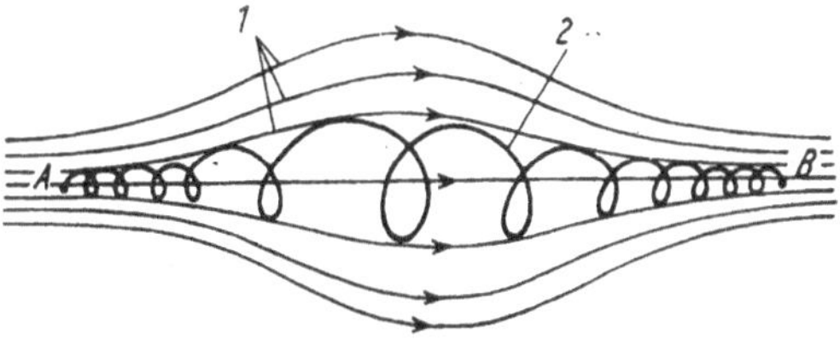

Abb. 56. Flugbahn eines geladenen Teilchens in einer durch nicht in sich geschlossene magnetische Feldlinien gebildeten Falle
A und *B* – Spiegelungspunkte, in denen das Teilchen die Richtung seiner Bewegung umkehrt; *1* – magnetische Feldlinien; *2* – Flugbahn des eingefangenen Teilchens

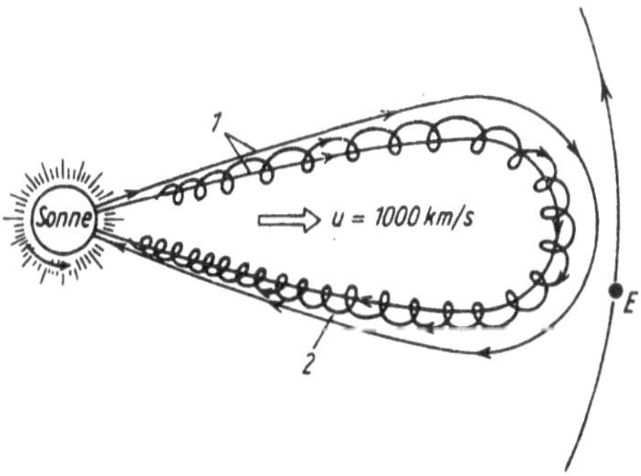

Abb. 57. Flugbahn eines geladenen Teilchens in der Magnetfalle des solaren Teilchenstroms
E – Erde; *1* – Magnetfeld des Teilchenstroms; *2* – Flugbahn des eingefangenen Teilchens

stets ein erhebliches Magnetfeld enthalten ist, taucht der Verdacht auf, daß dieses Zusammentreffen nicht zufällig ist. Möglicherweise können im Korpuskularstrom magnetische Fallen existieren, die einen bestimmten Teil der solaren kosmischen Strahlung mit sich führen (Abb. 57).

Bei der Wechselwirkung mit dem Erdfeld werden die Fallen zerstört und die Teilchen freigesetzt. Dies ist dann der Fall, wenn die Erde im Korpuskularstrom liegt. Das ereignete sich zum Beispiel im Mai 1959: Nach Stratosphärenbeobachtungen stellen sowjetische und amerikanische Wissenschaftler unabhängig voneinander eine Zunahme des Flusses für Teilchen mit Energien über 120 MeV auf das Vierzigfache fest, die gleichzeitig mit dem Beginn des magnetischen Sturmes einsetzte. Ein ähnliches Ereignis registrierten die Geräte des amerikanischen Sputniks Explorer-12 am 30. September 1961.

Die Fallen für kosmische Strahlung sind in ihren Eigenschaften außerordentlich vielfältig. Das Verhalten der geladenen Teilchen in ihnen hängt sowohl von der Stärke und der Konfiguration des magnetischen Feldes als auch von der Teilchenenergie ab. Ein und dasselbe magnetische Gebilde kann für Teilchen unterhalb einer kritischen Energie als ausgezeichnete Falle dienen und für höherenergetische Teilchen praktisch „durchsichtig" sein.

Die Energie der in Magnetfallen des solaren Korpuskelstroms mitgeführten Teilchen liegt nicht über 200 MeV. Sie werden vom Korpuskularstrom von der Sonne aus über weite Strecken getragen. Gelangt die Erde in diesen Strom, dringen die Teilchen in hohen Breitengraden ein, wo sie direkt (mit Ballonsonden oder geophysikalischen Raketen) oder indirekt (mit Riometern) registriert werden können.

Es ist zu erwarten, daß für geringere Energien Magnetfallen solarer Teilchen im interplanetaren Raum relativ häufig sind. Tatsächlich wurden in den letzten Jahren von Raumflugkörpern der UdSSR und der USA viele Fälle der langzeitigen Existenz (gewöhnlich einige Tage) bedeutender solarer Protonenströme mit Energien um 1—10 MeV beobachtet. Ein derartiges Ereignis wurde am 5. November 1970 von den Geräten der sowjetischen kosmischen Flugkörper „Venus-7" und „Lunochod-1" registriert.

Am eingehendsten wurde bisher die nahe der Erde befindliche, durch ein nahezu dipolförmiges Magnetfeld gebildete Magnetfalle untersucht. Sie zeichnet sich durch hohe Stabilität aus und hält die eingefangenen Teilchen für lange Zeit. Gemeint sind die Strahlungsgürtel — der innere und der äußere (vgl. Abb. 4). Der innere Gürtel

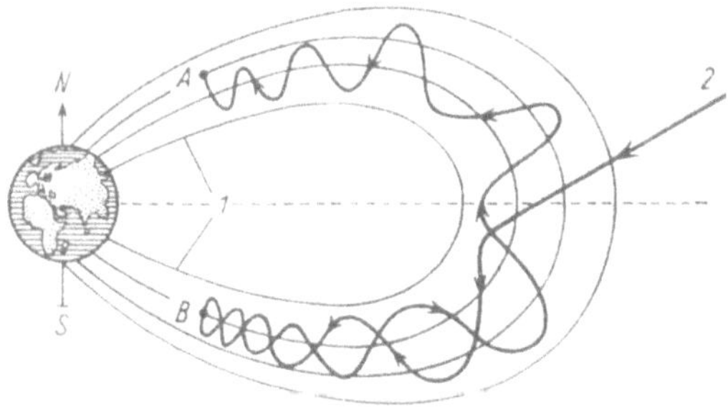

Abb. 58. Flugbahn eines geladenen Teilchens in der durch das geomagnetische Feld gebildeten Falle (Modell des Strahlungsgürtels der Erde)
A und *B* — Spiegelungspunkte, in denen das eingefangene Teilchen die Richtung seiner Bewegung umkehrt; *1* — Feldlinien des geomagnetischen Feldes; *2* — Flugbahn des Teilchens

besteht aus Protonen, der äußere aus Elektronen. Ein Einfangmechanismus in die erdnahe Falle ist in Abb. 58 skizziert.

Offensichtlich kann als kosmische Magnetfalle jedes magnetische Gebilde bezeichnet werden, in dem die Bewegung eines Teilchens wesentlich komplizierter und seine Aufenthaltszeit wesentlich länger ist als im freien Raum des gleichen Volumens.

Die Beschleunigung solarer Teilchen im interplanetaren Raum. Manchmal ist vor Beginn eines magnetischen Sturmes ein Intensitätsanstieg für solare Protonen mit einer Energie von 1—10 MeV zu beobachten. Dieser Effekt läßt sich gut anhand der Absorption des kosmischen Radiowellenrauschens in der Polarkappe verfolgen. Erstmalig wurde dieser Effekt am 11. Februar 1958 registriert, die Ursache dafür konnte aber erst nach einigen Jahren, in der Periode des Magnetsturms vom

30. September 1961, geklärt werden. Durch gleichzeitige Messungen mit den Sputniks „Explorer-12“ (außerhalb der Magnetosphäre) und „Injun-1“ (innerhalb der Magnetosphäre) wurde festgestellt, daß die verstärkte Absorption des Radiowellenrauschens tatsächlich auf eine Verstärkung des Flusses von Protonen geringer Energie zurückzuführen ist.

Diese Erscheinung läßt sich erklären, wenn man annimmt, daß im interplanetaren Medium in Erdnähe eine Kontraktion des solaren Teilchenstroms zwischen zwei Stoßwellen vor sich geht. Die eine, vom geomagnetischen Sturm hervorgerufene Stoßwelle bewegt sich mit einer Geschwindigkeit von 1000 km/s von der Sonne auf die Erde zu. Diese Stoßwelle ist mit dem solaren Korpuskularstrom verknüpft, während die andere, „stehende“, Welle vom Sonnenwind beim Umfließen der Magnetosphäre der Erde gebildet wird (Abb. 59). Das Ergebnis der Kontraktion ist eine Anhäufung von Teilchen zwischen den Wellen und eine Zunahme ihrer Energie durch Beschleunigung nach dem FERMI-Mechanismus. Beide gleichzeitig wirkenden Effekte führen zu einem Anwachsen des Teilchenflusses für Energien oberhalb einer bestimmten vorgegebenen Energie. Ein Vergleich mit Beobachtungsergebnissen zeigt, daß sich einige Besonderheiten der Absorption des kosmischen Radiowellenrauschens mit diesem Modell erklären lassen.

Es ist sehr wahrscheinlich, daß die Teilchenbeschleunigung in Erdnähe andere Ursachen hat. Beispielsweise untersuchte B. A. TWERSKOI den Mechanismus der Teilchenbeschleunigung auf Kosten der Schwingungsenergie des Sonnenwindplasmas selbst. Im Plasma (unter Laboratoriumsbedingungen ebenso wie unter kosmischen Bedingungen) können unter dem Einfluß äußerer Störungen verschiedenartige Wellen auftreten. Ein solches Plasma wird als turbulent bezeichnet (in Analogie zu Gasen und Flüssigkeiten), der Prozeß der Wellenentstehung als Turbulenzbildung.

Beim Stoß mit einer Welle übernimmt ein Teilchen

einen Teil von deren Energie. Als Ergebnis vieler Stöße kann ein Teilchen im Laufe der Zeit eine Energie von

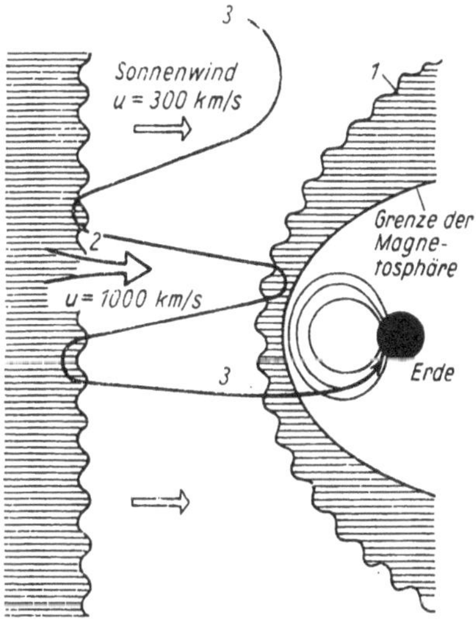

Abb. 59. Beschleunigung solarer Teilchen in Erdnähe zwischen zwei Stoßwellen. Die eine Stoßwelle wird durch den Sonnenwind beim Umfließen der Erdmagnetosphäre gebildet (*1*), die andere durch den solaren Teilchenstrom (*2*). Bei Mehrfachspiegelung eines Teilchens (*3*) an diesen Fronten wird es beschleunigt. Beschleunigte Teilchen gelangen vorwiegend in die Polargebiete der Erde

10^4 bis 10^8 eV (d. h. von 10 keV bis 100 MeV) aufnehmen. Eine Ursache für die Turbulenzbildung im interplanetaren Plasma können Stoßwellen sein, die von mächtigen Eruptionen ausgehen. Damit läßt sich offensichtlich (zumindest teilweise) der Effekt der Intensitätszunahme für niederenergetische Protonen ($\varepsilon_k < 100$ MeV) erklären, wie er in der Regel gleichzeitig mit dem Einsetzen eines magnetischen Sturmes (d. h. mit dem Eintreffen des gestörten Plasmas auf der Erde) beobachtet wird.

Das Sonnensystem – eine Falle für niederenergetische Teilchen? Bisher haben wir vorwiegend die Ausbreitung der solaren Teilchen innerhalb der Erdbahn betrachtet. Die Erde befindet sich offenbar nur am Anfang oder höchstens in der Mitte der „Diffusionsbrücke“, über die sich die solare kosmische Strahlung zum Rand des Sonnensystems bewegt. Was geschieht mit ihr außerhalb der Erdbahn?

Wir kommen hier wieder auf die Frage der „Modulationssphäre“ zurück – eine der interessantesten Fragen der Physik des interplanetaren Raums. Genauer gesagt, uns interessieren die Eigenschaften des interplanetaren Plasmas, der interplanetaren Felder und Teilchen in Entfernungen von mehr als einer Astronomischen Einheit von der Sonne. Informationen über diesen Bereich des kosmischen Raumes erhält man mit verschiedenen Methoden – über Meteoriten, Kometen, galaktische kosmische Strahlung, aber auch aus Daten über die Ausbreitung der kosmischen Strahlung solaren Ursprungs. In den letzten Jahren wurden auch direkte Messungen mittels sowjetischer und amerikanischer kosmischer Flugkörper vorgenommen, die den Bereich zwischen Venus und Jupiter, d. h. das Intervall $r = 0{,}8 \div 5$ A. E. Sonnenentfernung, untersuchten.

Die aus der solaren kosmischen Strahlung zu gewinnende Information ist sehr vielfältig und vom untersuchten Energiebereich abhängig. Die sich durch Diffusion ausbreitenden hochenergetischen Teilchen liefern Informationen über die allgemeinen Eigenschaften des Raumes außerhalb der Erdbahn bis zu Entfernungen um 10 A. E. Niederenergetische Teilchen können die „Feinstruktur“ des interplanetaren Raumes erhellen. Zunächst soll über Ergebnisse berichtet werden, die durch Untersuchungen der Ausbreitung hochenergetischer solarer Teilchen erhalten wurden.

Es ist gut bekannt, daß die Intensität der solaren Teilchen nach Überschreiten des Maximums mit der Zeit kontinuierlich etwa wie $1/t^{1/5}$ abnimmt. Solange Daten über nur wenige Eruptionen vorlagen und deren Genauigkeit nicht sehr hoch war, nahm man an, daß dieses Abklinggesetz für jede Eruption charakteristisch ist. Diese Überzeugung wurde durch die Schlußfolgerungen der Diffusionstheorie gestärkt, die besagten, daß bei konstantem Diffusionskoeffizienten die Intensität der solaren kosmischen Strahlung in der Erdbahn tatsächlich proportional zu $1/t^{1/5}$ abnehmen muß. Eine genauere Analyse der vorliegenden Meßwerte, beispielsweise für die Eruption am 23. Februar 1956, zeigte aber, daß im Endstadium der Erscheinung die Intensität der solaren Teilchen nicht mehr proportional zu $1/t^{1/5}$, sondern eher zu $1/t^2$ (d. h. schneller) abnimmt. Das läßt sich auf zweierlei Weise erklären: Entweder nimmt der Diffusionskoeffizient $\varkappa$ mit der Entfernung wie r^β zu, oder in einer bestimmten Entfernung von der Sonne existiert eine mehr oder weniger scharfe Grenze des Diffusionsgebietes.

Nimmt $\varkappa$ mit der Entfernung zu, wandern die Teilchen schneller aus dem Sonnensystem ab als bei $\varkappa = \text{const}$, was zu einer schnelleren Abnahme ihrer Intensität in der Erdbahn führt. Auf diese Weise kann die Untersuchung der Geschwindigkeit des Intensitätsabfalls Informationen über die Streueigenschaften des interplanetaren Magnetfeldes weit außerhalb der Erdbahn liefern. Untersuchungen zeigten, daß sich die Beobachtungen im Endstadium der Eruptionen mit einem Modell erklären lassen, nach dem $\varkappa$ mit der Entfernung wie r^β zunimmt, wobei $\beta \leqq 1$ ist.

Diese Erklärung ist aber nicht die einzig mögliche. Im Endstadium der Eruptionen sind die Intensitäten gering, entsprechend groß ist der Meßfehler. Dadurch ergeben sich Unsicherheiten in der Ermittlung des tatsächlichen Abklinggesetzes, d. h. der Größe β. Es gab Versuche, andere Modelle für die Beschreibung des Endstadiums der Eruption zu finden. Es zeigte sich, daß sich der zeitliche Verlauf der Intensität der solaren Teilchen in der Erdbahn mit Hilfe eines Modells erklären läßt, das ein in der

Sonnenentfernung r_0 begrenztes Diffusionsgebiet annimmt.[1])

Bei genügend kleinen Werten für t wirkt sich die Existenz einer weit entfernten Diffusionsgrenze nicht merklich auf den zeitlichen Verlauf der solaren Teilchen im Bereich der Erdbahn aus, und ihre Intensität nimmt nach $1/t^{1/5}$ ab. Der Einfluß der Grenze wird bemerkbar bei $\varkappa t/r_0^2 \approx 0{,}1$, d. h. zu dem Zeitpunkt, wenn der Kamm der sich ständig von der Erde entfernenden „Diffusionswelle“ (vgl. Abb. 16) die Entfernung r_0 erreicht.

Zu diesem Zeitpunkt beginnt die Intensität innerhalb des Gebietes r_0 nach einem Exponentialgesetz e^{-t/T_0} abzuklingen. Dabei ist $T_0 = r_0^2/10\varkappa$ unmittelbar mit r_0 und dem Diffusionskoeffizienten verbunden.

Interessant ist, daß im Fall eines exponentiellen Abklingens die Diffusionsgeschwindigkeit $v_d = 3\varkappa/r_0$ (d. h. die Geschwindigkeit des Austritts der Teilchen aus dem Gebiet mit dem Radius r_0) konstant bleibt, so daß der innerhalb dieses Gebiets verbleibende Tielchenfluß dem Fluß der austretenden Teilchen proportional ist. Daraus ergibt sich eine sehr wichtige Folgerung: Die Spektrenform der solaren Teilchen (d. h. die Größe γ) muß innerhalb des Gebietes r_0 im Verlauf vieler Stunden nach dem Eruptionsmaximum konstant bleiben, während ihre Intensität um das Zehn- und Hundertfache abnehmen kann.

Erstmalig wurde das exponentielle Abklingen deutlich während der Eruption am 4. Mai 1960 beobachtet. Ein analoges Bild ergab sich in der Folgezeit in vielen anderen Fällen. Dies weckte das Interesse der Wissenschaftler in solchem Maße, daß beschlossen wurde, die Meßwerte für die Eruption am 23. Februar 1956 neu zu analysieren. Es zeigte sich, daß auch diese Eruption sich in die all-

---

[1]) Diese Annahme bedeutet, daß bei $r \leqq r_0$ der Diffusionskoeffizient $\varkappa(r \leqq r_0)$ einen bestimmten konstanten Wert behält, während bei $r > r_0$ die streuenden Eigenschaften des Mediums sich stark ändern, so daß gilt $\varkappa(r > r_0) \to \infty$ oder zumindest $\varkappa(r > r_0) \gg \varkappa(r \leqq r_0)$.

gemeine Gesetzmäßigkeit einordnet, d. h., im Endstadium läßt sich die Abnahme des solaren Teilchenflusses durch die Exponentialfunktion e^{-t/T_0} mit $T_0 \approx 1{,}5$ Std. beschreiben.

Eines der Argumente zugunsten der Annahme über eine Begrenzung des Diffusionsbereiches ist die zeitliche Konstanz des Spektrums der solaren Teilchen (im Rahmen der Meßgenauigkeit), die für die Eruption am 23. Februar 1956 und für einige andere beobachtet wurde. Als weiteres Argument kann folgende Tatsache dienen: Wenn man annimmt, daß der Diffusionskoeffizient bei Zunahme der Entfernung wie r^β anwächst, ergibt sich für eine Vielzahl von Eruptionen eine erstaunlich einförmige Serie von Werten für β, und zwar $\beta \leqq 1$. Mehr noch — für die Mehrzahl der untersuchten Eruptionen erwies sich β als nahezu 1. Ein solcher Wert für β entspricht einer konstanten Diffusionsgeschwindigkeit, was charakteristisch für ein exponentielles Abklingen ist, d. h. für den Fall eines begrenzten Diffusionsgebietes.

Es fällt auf, daß alle bisher erhaltenen Werte für r_0 in dem relativ engen Intervall von 2—5 A.E. liegen. Somit zeigen die Untersuchungen der solaren kosmischen Strahlung, daß zwischen den Bahnen von Jupiter und Mars ein besonderes Gebiet liegen kann, in dem sich die Teilchen etwas anders verhalten als in den „inneren“ Bereichen des Sonnensystems. Eine ähnliche Schlußfolgerung wurde im vorangegangenen Kapitel gezogen, als von Meteoriten die Rede war. Dort wurde auch auf eine mögliche Ursache der Existenz eines solchen besonderen Gebietes — turbulente Magnetfelder — hingewiesen.

Wie eng ist die Verbindung dieser Ergebnisse mit der Frage nach dem Radius der Modulationssphäre? Es wurde schon darauf hingewiesen, daß sich in verschiedenen Experimenten für r_0 Werte zwischen 5 und 100 A. E. ergeben. Nach unserer Meinung bestehen zwischen den verschiedenen Gruppen von Ergebnissen keine unüberwindlichen Widersprüche.

Wahrscheinlich sind die Unterschiede in den Abschätzungen für r_0 auf die Notwendigkeit zurückzuführen, die endliche Dicke einer gewissen Diffusionsschicht zu berücksichtigen, die ohne Zweifel an der Grenze zwischen Sonnenwind und galaktischem Magnetfeld existiert. Die Dicke dieser Schale kann Dutzende von Astronomischen Einheiten erreichen. Hierbei geben Untersuchungen der solaren kosmischen Strahlung und der Meteoriten nur Informationen über die innere Grenze dieser Schale im Entfernungsbereich von 2—10 A. E. Aus der Galaxis stammende kosmische Strahlung „fühlt" den Einfluß der gesamten Diffusionsschale einschließlich ihrer entferntesten Bereiche.

Wenn wir jetzt zu solaren Teilchen geringer Energie kommen, müssen wir noch einmal auf Abb. 2 verweisen, auf der das differentielle Energiespektrum der kosmischen Strahlung galaktischen Ursprungs dargestellt ist. Wie man der Abbildung entnehmen kann, bricht das Spektrum bei einer Energie von einigen Dutzend MeV ab. Der Grund dafür ist, daß es in Erdnähe (sogar in der Stratosphäre) schwierig ist, zuverlässige Informationen über Teilchen mit diesen Energien und umso mehr mit Energien $\varepsilon_k \lesssim 10$ MeV zu erhalten. Andererseits erwarteten gerade im Bereich unterhalb 100 MeV und ganz besonders bei $\varepsilon_k \lesssim 10$ MeV die Forscher eine Reihe von Überraschungen. Es stellte sich heraus, daß die niederenergetischen Protonen ($\varepsilon_k = 0{,}5 \div 100$ MeV) nicht direkt mit Sonneneruptionen in Verbindung gebracht werden können und nach Meinung einiger Spezialisten möglicherweise nichtsolaren Ursprungs sind. Aber erst mittels Sputniks und automatischer interplanetarer Stationen gelang es, Licht in diese Angelegenheit zu bringen. In den Jahren 1964 bis 1966, d. h. in der Periode des Minimums der Sonnenaktivität, wurden im interplanetaren Raum langzeitige Messungen der magnetischen Felder, des Plasmas und der kosmischen Strahlung durchgeführt („Mariner-4", „IMP-2", „IMP-3", „Pioneer-6", „Venus-2", „Venus-3", „Sond-3"). In den wenigsten Fällen überdeckten sich die

Meßintervalle für die einzelnen Raumkörper; dessenungeachtet sind die erhaltenen Ergebnisse aber von außerordentlichem Interesse für das Verständnis der Beschleunigungsprozesse auf der Sonne und die Aufklärung der Struktur des interplanetaren Magnetfeldes.

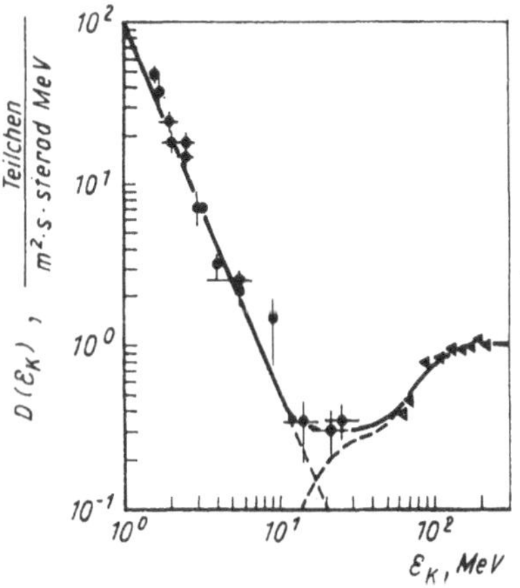

Abb. 60. „Lücke" im Energiespektrum der kosmischen Strahlung im Energiebereich von 10—60 MeV. Die Teilchen links der Lücke sind wahrscheinlich solarer, die rechts davon galaktischer Herkunft (durch verschiedene Symbole sind die Meßergebnisse verschiedener Forscher gekennzeichnet)

In den Folgejahren wurden derartige Messungen praktisch systematisch durchgeführt. Mit Raumkörpern des Typs „Mariner", „Venus", „Mars", „Pioneer" wurden umfangreiche Informationen erhalten. Wir wollen hier nur einige Fakten darlegen, die einen besonders großen Eindruck bei den Kosmophysikern hinterlassen und unsere Vorstellungen über die kosmische Strahlung im interplanetaren Raum merkbar bereichert haben.

Unerwartet war zunächst die Existenz einer „Lücke" im Energiespektrum der kosmischen Strahlung (Abb. 60). Nach den gegenwärtigen Vorstellungen befindet sich diese „Lücke“ im Energieintervall zwischen 10 und 60 MeV, wobei den Teilchen links davon solarer und rechts davon galaktischer Ursprung zugeschrieben wird. Diese Annahme ist in theoretischer Hinsicht nicht unanfechtbar, in experimenteller Hinsicht bestehen aber bereits keine Zweifel mehr an der Existenz dieser „Lücke“.

Die Idee der solaren Herkunft dieser „Lücke“ findet eine starke Stütze durch Messungen von niederenergetischen Teilchen mittels Raumflugkörpern. In den letzten Jahren wurden mindestens mehrere Dutzend Fälle einer unerwarteten Registrierung von der Sonne kommender Protonen mit einer Energie $\lesssim$ 10 MeV im interplanetaren Raum bekannt.

Besonders interessant war die am 30. Dezember 1965 beobachtete Verstärkung des Flusses solarer Protonen mit einer mittleren Energie von 13 MeV[1]). Nach den Messungen der Station „Pioneer-6“ war der Fluß dieser Teilchen im Verlauf von 48 Stunden ausgeprägt anisotrop, wobei sich die Richtung der Anisotropie merkbar veränderte (Abb. 61). Das erklärt sich im wesentlichen durch die Veränderlichkeit des von der Sonne kommenden Flusses, da der aus der Gegenrichtung kommende Fluß sich wesentlich weniger und gleichförmiger veränderte.

Was ist der Grund für die beobachteten Schwankungen in der Richtung des Protonenflusses? Die niederenergetischen Teilchen bewegen sich im wesentlichen längs der Feldlinien, so daß diese Schwankungen wahrscheinlich die zeitlichen Veränderungen der Struktur des interplanetaren Magnetfeldes widerspiegeln. Mit anderen Worten — am Raumkörper vorbei treiben mit der Geschwindigkeit des Sonnenwindes faserartige magnetische Gebilde (Abb. 62). Sie stellen Bündel oder Röhren von Feldlinien dar, die mit Protonen gefüllt sein können in Abhängigkeit davon, ob das jeweilige Gebilde mit einem Eruptionsbereich verbunden ist oder nicht. Der Durch-

---

[1]) Dieser Wert der mittleren Protonenenergie ist durch die Empfindlichkeit der Detektoren an Bord der Station „Pioneer-6“ gegeben.

messer der magnetischen „Fasern" beträgt 0,5 bis 5 Mio. km. Somit ist das aus theoretischen Vorstellungen (Abb. 28) sowie aus Daten über die galaktische kosmische Strahlung und über solare Teilchen hoher

Abb. 61. Ein Fall einer Verstärkung des solaren Protonenflusses mit einer mittleren Energie von 13 MeV nach Messungen des amerikanischen Raumflugkörpers „Pioneer-6" am 23. Dezember 1965 in einer Entfernung von 2,6 Mio km von der Erde. Die Pfeile geben die Richtung des maximalen Protonenflusses an, die Zahlen die Zeitpunkte der Messungen (in Stunden Weltzeit)

Energie (Abb. 36, 47) entwickelte Bild des interplanetaren Feldes durch neue interessante Details in dem Maße zu ergänzen, wie Teilchen immer geringerer Energien in die Messungen einbezogen werden.

Sehr wichtige Ergebnisse erhielt eine Gruppe sowjetischer Wissenschaftler unter Leitung von S. N. Vernov. Die sowjetischen interplanetaren Stationen „Venus-2", „Venus-3" und „Sond-3" registrierten in der Periode vom 19. Juli 1965 bis 24. Januar 1966 einen mit der Entfernung von der Sonne stark anwachsenden Strom von Protonen mit einer Energie von $\varepsilon_k = 1 \div 5$ MeV. Bei Zunahme der Entfernung von der Sonne von 130 auf

150 Mio. km wuchs die Intensität dieser Strahlung auf das Fünffache. Die Messungen auf den Stationen „Sond-3" und „Venus-2" wurden in verschiedener Entfernung von der Sonne, aber gleichzeitig durchgeführt, so daß eine

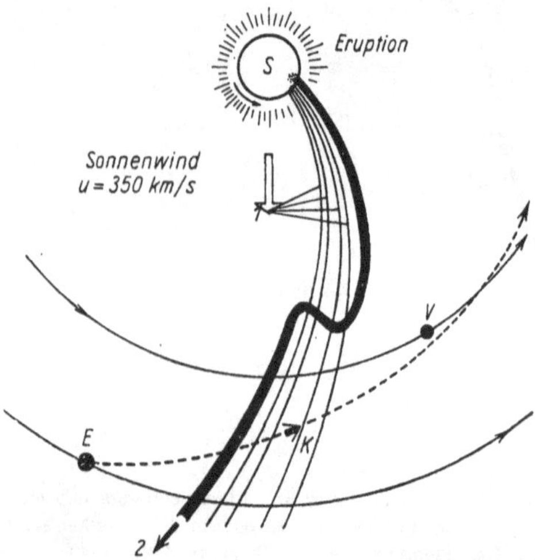

Abb. 62. Schematische Darstellung der Faserstruktur des interplanetaren Magnetfeldes

S – Sonne; *V* – Venus; *E* – Erde; *K* – Raumflugkörper; *1* – Fasern des interplanetaren Feldes; *2* – eine der Faser-Röhren angefüllt mit Protonen geringer Energien

zeitliche Intensitätsänderung ausgeschlossen werden kann. Eine besonders schnelle Zunahme ist bei Entfernungen über 160 Mio. km zu beobachten. Die Autoren des Experiments nehmen an, daß in der Zeit der Messungen im Bereich der Marsbahn ein ringförmiger Bereich erhöhter Konzentration von Protonen solarer Herkunft mit $\varepsilon_k = 1 \div 5$ MeV existierte.

Es ist anzunehmen, daß von Sonneneruptionen (sogar sehr kleine eingeschlossen) große Mengen von Protonen über relativ enge magnetische Kanäle in Bereiche außerhalb der Erdbahn gelangen können, von wo aus sie dann in alle Richtungen diffundieren, darunter auch in Richtung zur Sonne. Diese Annahme ist nicht von der Hand zu weisen, da auch an Kometen, Meteoriten und solarer kosmischer Strahlung erhaltene unabhängige Daten auf die Möglichkeit der Existenz besonderer Bereiche mit stark ungeordnetem Magnetfeld zwischen den Bahnen von Mars und Jupiter (2—5 A. E. von der Sonne entfernt) hinweisen.

Die angeführten Daten sind überzeugend genug, um an die Möglichkeit einer Ansammlung niederenergetischer solarer Teilchen im interplanetaren Raum zu glauben. Was sagt aber die Theorie dazu?

Es gibt bisher noch keine geschlossene Theorie der Ausbreitung niederenergetischer Teilchen im interplanetaren Raum. Einige allgemeine Überlegungen lassen sich aber anführen.

Wegen der Streuung an den Inhomogenitäten des interplanetaren Magnetfeldes übersteigt die Verweilzeit der Teilchen im Sonnensystem in Perioden hoher Sonnenaktivität mehrere Tage. Das ist beispielsweise an stratosphärischen und riometrischen Messungen gut zu sehen.

In Perioden hoher Aktivität kann der Zeitabstand zwischen zwei kosmische Strahlung erzeugenden Eruptionen wesentlich kleiner sein als die Verweilzeit der Teilchen im interplanetaren Raum. Das Ergebnis ist eine Ansammlung niederenergetischer Teilchen im Sonnensystem. Hochenergetische Teilchen werden wesentlich schlechter gehalten, da ihr Diffusionskoeffizient $\varkappa$ groß und die Verweilzeit $L^2/\varkappa$ klein ist (L — Ausmaße des Systems).

Eine große Rolle beim Halten der Teilchen im Sonnensystem kann das spiralförmige interplanetare Magnetfeld spielen. Wie man aus Abb. 36 entnehmen kann, ist die Richtung dieses Feldes außerhalb der Erdbahn bereits nicht mehr radial, sondern überwiegend azimutal. Die solaren Teilchen gelangen quer zum Feld aus dem

Sonnensystem heraus, deshalb kann die Austrittszeit sich auf einige Dutzend Tage vergrößern.

Somit gibt es ausreichend gewichtige Argumente für die Auffassung des Sonnensystems als einer gewaltigen magnetischen Falle für niederenergetische solare Teilchen.[1])

Die Vorhersage von Eruptionen. Die Vorhersage der Strahlungsverhältnisse im interplanetaren Raum stützt sich auf die Besonderheiten der aktiven Bereiche, in denen Eruptionen mit Emission solarer kosmischer Strahlung vor sich gehen, und auf die Theorie der Ausbreitung beschleunigter Teilchen.

Die aktiven Bereiche lassen sich durch die Konfiguration der magnetischen Felder der Sonnenflecken, die Größe dieser Flecken (gemessen in Millionstel Teilen der sichtbaren Sonnenscheibe) sowie die Anzahl der Eruptionen im jeweiligen aktiven Bereich charakterisieren. Außerdem können sich die Eruptionen selbst in Abhängigkeit davon voneinander unterscheiden, ob sie von einer Emission kosmischer Strahlung begleitet sind oder nicht. Deshalb liefert die Untersuchung solarer Teilchen im Vergleich mit den Besonderheiten der aktiven Bereiche und der Sonneneruptionen wertvolle Informationen für die Vorhersage plötzlicher Anstiege des Strahlungsniveaus im interplanetaren Raum.

Von besonderem Interesse ist die Radiowellenstrahlung von Sonneneruptionen. Im Meterwellenbereich lassen sich die Impulse solarer Radiowellen recht deutlich in fünf Typen einteilen, die sich in ihrer Dauer, ihrer Leistung und ihren spektralen Charakteristiken unterscheiden, d. h. hinsichtlich der Frequenzverteilung der Strahlungsleistung (für Zentimeterwellen sind die genannten Unterschiede nicht so ausgeprägt). Üblicher-

[1]) Diese Frage kann man jedoch noch nicht als endgültig gelöst betrachten. Ausgehend von den unterschiedlichen Kernzusammensetzungen der galaktischen und solaren Teilchen im Energiebereich 1–30 MeV/Nukleon kam L. I. DORMAN zu dem Schluß, daß der Hauptteil der niederenergetischen kosmischen Strahlung galaktischen Ursprungs ist.

weise wird angenommen, daß den verschiedenen Impulstypen unterschiedliche physikalische Prozesse auf der Sonne entsprechen (Abbremsung von Elektronen im Plasma und im Magnetfeld, Umwandlung von Plasmawellen in elektromagnetische Wellen usw.). Beispielsweise konnte geklärt werden, daß Radiowellenimpulse des sogenannten Typs IV durch Abbremsung beschleunigter Elektronen in den Magnetfeldern des Eruptionsbereiches erzeugt werden. Derartige Impulse gelten daher als Indikatoren für Teilchenbeschleunigungsprozesse auf der Sonne. Außerdem lassen sich aus Daten dieser Radiowellenimpulse Vorstellungen über die Menge und das Energiespektrum der beschleunigten Teilchen gewinnen.

Hinsichtlich der Vorhersage der Strahlungsverhältnisse im interplanetaren Raum sind unterschiedliche Aspekte zu beachten, besonders wenn man dabei Orbitalflüge von Kosmonauten in Erd- oder Mondnähe im Auge hat. Zunächst ist es notwendig, das Auftreten der Eruptionen selbst zuverlässig voraussagen zu lernen. Dann muß man davon überzeugt sein, daß die beobachtete Eruption tatsächlich solare kosmische Strahlung hervorruft. Und letztlich ist es wichtig, die Wahrscheinlichkeit dafür einschätzen zu können, daß ein ausreichend starker Fluß beschleunigter Teilchen die Erdnähe erreicht.

Sind die letztgenannten zwei Bedingungen erfüllt, spricht man manchmal von Protoneneruptionen im Unterschied zu anderen Eruptionen, die nicht zum Auftreten schneller solarer Protonen in Erdnähe führen. Allerdings hat eine Vielzahl von Untersuchungen gezeigt, daß der Unterschied zwischen „Protonen-“ und „Nichtprotonen“-Eruptionen eher quantitativer als qualitativer Natur ist. Außerdem führt die Weiterentwicklung der Meßmethoden (speziell der riometrischen Beobachtungen) und die detailliertere Analyse der Meßwerte früherer Eruptionen zu einer eindeutigen Tendenz, die Klasse der „Protoneneruptionen“ durch Erfassung immer schwächerer Effekte zu erweitern.

Verschiedene Autoren setzen die Vorhersage von

Eruptionen solarer kosmischer Strahlung der Voraussage mächtiger Sonneneruptionen gleich. Diesem Ziel können zwei Methoden dienen. Die erste — statistische — Methode besteht lediglich in der Voraussage der Wahrscheinlichkeit für das Auftreten einer mächtigen Sonneneruption in einem bestimmten aktiven Gebiet, ausgehend von dessen bekannten Besonderheiten.

In der Periode hoher Sonnenaktivität treten auf der Sonne relativ viele mächtige Eruptionen in vergleichsweise kurzen Zeiträumen auf. Deshalb läßt sich ein Intensitätsanstieg der kosmischen Strahlung im Bereich der Erdbahn nicht immer eindeutig einer bestimmten Sonneneruption zuordnen. Kennt man aus Beobachtungen die Gesamtzahl der starken Eruptionen und die Zahl derer, die von einem Intensitätsanstieg der kosmischen Strahlung begleitet waren, läßt sich die Wahrscheinlichkeit der Teilchenemission aus dem jeweiligen aktiven Bereich abschätzen.

Die andere Methode — die „Halbschattenmethode“ — beruht vollständig auf der Berücksichtigung der Besonderheiten des jeweiligen aktiven Bereiches: Ist die Fläche des sogenannten Halbschattens des Sonnenfleckes gleich 1000 Millionstel Teilen der Sonnenscheibe oder größer, wird der aktive Bereich als gefährlich angesehen, d. h., in diesem Bereich kann der Ausbruch einer mächtigen Eruption mit Emission kosmischer Strahlung erwartet werden.

Allerdings gelingt es nicht für alle Eruptionen, solare Teilchen hoher Energie in Erdnähe zu registrieren. Um die Frage entscheiden zu können, ob in jedem Falle schnelle Teilchen erzeugt werden, ist es wichtig, die Besonderheiten der Eruptionen zu untersuchen, die von einer starken Intensitätszunahme der kosmischen Strahlung in Erdnähe begleitet werden.

Als eine Besonderheit der für die Erzeugung solarer kosmischer Strahlung verantwortlichen Eruptionen kann man das Auftreten zweier heller Stränge sehr eigentümlicher Konfiguration vor dem Hintergrund der

Eruption ansehen (Abb. 63). Am Anfang der Eruption tritt ein sehr heller Strang auf (*1*), der sich dann in zwei aufspaltet (*2*), dabei die Form eines *Y* annimmt und diese im

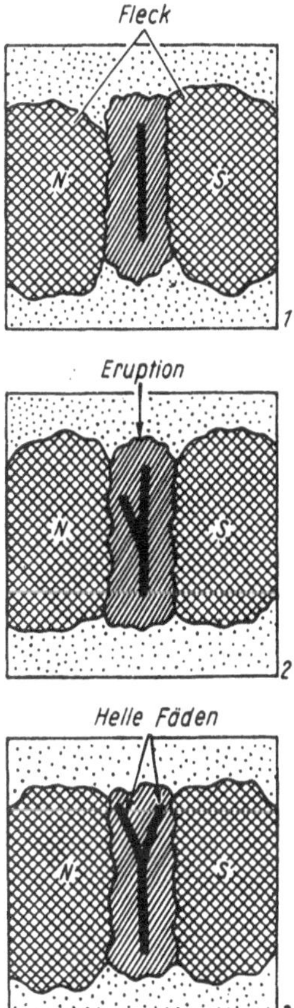

Abb. 63. Aufeinanderfolgende Entwicklungsstadien der Y-Phase einer Sonneneruption
1 — Beginn der Eruption mit einem hellen Faden; *2* — Auftreten eines zweiten hellen Fadens; *3* — *Y*-Phase der Eruption. Im letzten, dritten Stadium erfolgt die Emission der solaren kosmischen Strahlung

Verlauf mehrerer Minuten beibehält (*3*). Wahrscheinlich werden die schnellen Teilchen in dem Moment „geboren“, wenn die zwei Stränge der Eruption *Y*-förmig angeordnet sind. Dieses Stadium kann man als Bildung und Ausweitung der Stromschicht an der Grenzfläche zweier Flecken mit Magnetfeldern entgegengesetzter Polarität ansehen (entsprechend dem Modell von S. I. Syrowatski). Wie schon dargelegt, erzeugt der Abriß des Stroms ein elektrisches Feld, das die Teilchen auf hohe Energien beschleunigt. Die *Y*-Phase wurde für die Eruptionen am 19. November 1949, 31. August 1956, 18. Juli 1961, 28. September 1961 sowie für einige andere beobachtet.

Interessant sind ebenfalls die Ergebnisse einer Analyse der optischen Charakteristiken von Eruptionen mit Emission kosmischer Strahlung in den Jahren 1959 bis 1963. Es zeigte sich, daß in 19 von 22 beobachteten Fällen schleifenförmige Protuberanzen auftraten. Diese Tatsache ist nicht nur ein sicheres Anzeichen für das Auftreten hochenergetischer Protonen, sondern ist auch für das Verständnis des Eruptionsmechanismus selbst von Bedeutung. Verschiedentlich wird die Meinung vertreten, daß Protoneneruptionen stets von schleifenförmigen Protuberanzen begleitet werden. Es gibt auch Hinweise darauf, daß die Gebiete von Protoneneruptionen den Orten stärkster Ströme entsprechen, die aus Daten über das Magnetfeld der aktiven Sonnenbereiche berechnet werden.

Leider konnte bisher weder im optischen, noch im Radiowellenbereich der Sonnenemission ein zuverlässiges Kriterium gefunden werden, das Protoneneruptionen eindeutig charakterisiert.

Besonders verblüffend und rätselhaft erscheint die Tatsache, daß starke Ausbrüche der solaren kosmischen Strahlung die Tendenz haben, in den Jahren der Zu- und der Abnahme der Sonnenaktivität aufzutreten, nicht aber im Maximum des Zyklus (Abb. 64). Dies läßt sich evtl. dadurch erklären, daß in der Periode der Zu- oder Abnahme der Sonnenaktivität im interplanetaren Raum besonders günstige Bedingungen für die Ausbreitung solarer Teilchen gegeben sind.

Es gibt aber noch eine andere Möglichkeit für die Erklärung dieser Tendenz. Die Häufigkeit von Eruptionen

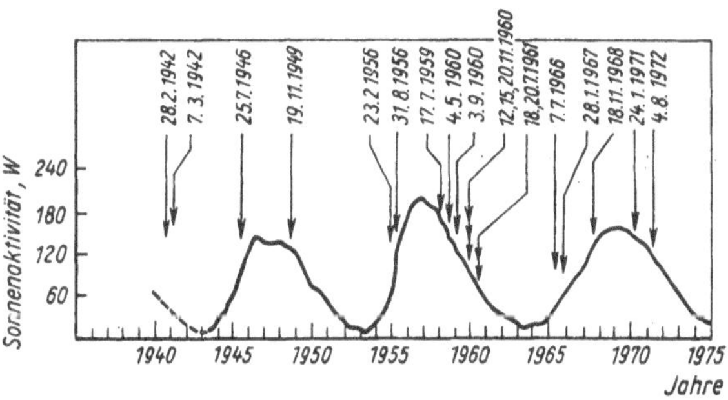

Abb. 64. Häufigkeit des Auftretens solarer Teilchenströme hoher Energien in Abhängigkeit vom Niveau der Sonnenaktivität
Die Pfeile weisen auf die stärksten Ausbrüche solarer kosmischer Strahlung hin, die an der Erdoberfläche, in der Stratosphäre und im interplanetaren Raum beobachtet wurden

der Stärke 3+ ist im Verlauf von 3 Jahren nach dem Maximum der Sonnenaktivität etwa konstant, während die Häufigkeit anderer Eruptionen[1]) relativ stark abnimmt. Außerdem zeigt sich für Radiostrahlungsausbrüche des Typs IV, die die Erzeugung schneller Teilchen begleiten, ebenfalls die Tendenz, in den Phasen der Zunahme und der Abnahme der Sonnenaktivität aufzutreten. Wenn man annimmt, daß für die Aussendung solarer kosmischer Strahlung Eruptionen der Stärke 3+ effektiver sind, die von intensiven Radiostrahlungsausbrüchen des Typs IV begleitet werden (im Vergleich zu

[1]) Zur Abschätzung der Stärke von Sonneneruptionen verwendeten die Astronomen über viele Jahre eine dreistufige Skala. Die stärksten Eruptionen hatten die Stärke 3+. Gegenwärtig wird eine andere, vollkommenere Skala benutzt.

Eruptionen 3+ ohne derartige Radioemission), läßt sich folgendes Modell aufstellen:

Damit ein Ausbruch kosmischer Strahlung erfolgen kann, ist erstens ein ständiges Anwachsen des magnetischen Druckes durch zunehmende Krümmung des magnetischen Feldes erforderlich, und zweitens muß ein Auslösemechanismus existieren, der die angesammelte magnetische Energie freisetzt. Zur Zeit der maximalen Sonnenaktivität muß die Sonnenatmosphäre reich an auslösenden Störungen sein, so daß die Zeitintervalle zwischen ihnen zu gering sind, um die Ansammlung der zur Teilchenbeschleunigung erforderlichen großen Energien zuzulassen. In der zunehmenden und abnehmenden Phase dagegen ist die Zahl derartiger, von schwachen Teilchenemissionen begleiteter Störungen wesentlich geringer.

In den letzten Jahren ergaben sich dank der Schaffung orbitaler Sonnenobservatorien (darunter Sputniks der „Interkosmos"-Serie) einige neue Möglichkeiten für die Voraussage der Strahlungsverhältnisse in Erdnähe aus der Messung der hochenergetischen Röntgenstrahlung der Eruptionen. Diese durch schnelle Elektronen hervorgerufene Strahlung ist ein guter Indikator sowohl für den erfolgten Prozeß der Teilchenbeschleunigung in der Eruption selbst als auch für dessen Dauer. Es erwies sich, daß die Röntgenemission eng mit der Radiowellenemission zusammenhängt und in vielen Fällen den zeitlichen Verlauf der Radioausbrüche wiederholt.

Es wird angenommen, daß in der Eruption beschleunigte Elektronen bei ihrer Abbremsung in den Magnetfeldern der Chromosphäre einen Radiostrahlungsausbruch hervorrufen. Ein Teil der beschleunigten Elektronen erzeugt beim Eindringen in die untere Chromosphäre durch Stöße mit neutralen Wasserstoffatomen hochenergetische Röntgenstrahlung. Unter bestimmten Voraussetzungen läßt sich aus den Daten des Röntgenspektrums das Spektrum der beschleunigten Elektronen berechnen. Allerdings ist es doch noch gewagt, aus der

Form des Elektronenspektrums bestimmte Aussagen über die Spektrenform der in der gleichen Eruption beschleunigten Protonen machen zu wollen. Eine eindeutige Verbindung zwischen beiden Spektren liegt dann vor, wenn Elektronen und Protonen durch den gleichen Mechanismus beschleunigt werden, was noch absolut nicht bewiesen ist.

Das Problem der Prognose gefährlicher Sonneneruptionen ist äußerst schwierig und erfordert eine komplexe Erforschung der Bedingungen auf der Sonne und im interplanetaren Raum. Es ist sehr wahrscheinlich, daß die Schwankungen in Intensität und Spektrum der solaren Teilchen von Eruption zu Eruption nicht durch die Beschleunigungsbedingungen auf der Sonne, sondern durch die Ausbreitungsbedingungen im interplanetaren Raum bedingt sind. Mit abnehmender Sonnenaktivität verbessern sich die Bedingungen für das Eintreffen der solaren Teilchen auf der Erde. Das zeugt von einer wesentlichen Veränderung in der Struktur der sonnennahen und interplanetaren Magnetfelder. Gleichzeitig geht aber auch die Eruptionstätigkeit der Sonne stark zurück.

Die Sonneneruptionen als Hauptquelle der Strahlengefährdung für Kosmonauten. Bei Flügen von Kosmonauten im interplanetaren Raum geht die größte Strahlengefährdung von den Protonen der Sonneneruptionen aus. Es wurde versucht, die durch einige Eruptionen bedingte Bestrahlungsdosis abzuschätzen. Auf der Grundlage solcher Abschätzungen lassen sich bereits bei dem heutigen Stand der Kenntnisse über die solare kosmische Strahlung bestimmte Empfehlungen für optimale Abschirmungen zum Schutz der Kosmonauten geben.

Charakter und Tiefe der Strahleneinwirkung auf ein bestimmtes Material hängen stark vom Energiespektrum der Teilchen ab. Da im Spektrum der solaren kosmischen Strahlung meist Teilchen relativ geringer Energie überwiegen, unterliegen im offenen Raum vorwiegend wenig geschützte Stellen der Körperoberfläche (Haut, Augapfel usw.) der Bestrahlung.

Davon ausgehend lassen sich die solaren Protoneneruptionen in zwei Typen — A und B — einteilen in Abhängigkeit vom Spektrentyp. Eruptionen des Typs A sind durch ein integrales Spektrum der Form $\sim\varepsilon_k^{-4}$ im Intervall $\varepsilon_k = 30 \div 400$ MeV gekennzeichnet. Wie schon gesagt wurde, lassen sich derartige Teilchen bei Messungen an der Erdoberfläche nicht nachweisen. Gewöhnlich werden sie durch Messungen mit Ballonsonden, geophysikalischen Raketen und künstlichen Erdtrabanten erfaßt. Eruptionen dieses Typs treten relativ häufig auf: Beispielsweise wurden in der Zeit vom Juli 1957 bis November 1960 etwa 60 Fälle beobachtet. Zum Typ A kann man die Eruptionen am 10. Mai 1959, am 12. November 1960 u. a. rechnen.

Eruptionen vom Typ B sind durch ein integrales Spektrum der Form $\sim\varepsilon_k^{-6}$ bei Teilchenenergien von $1 \div 20$ GeV gekennzeichnet. Derartige Eruptionen kommen sehr selten vor, sie lassen sich auch an der Erdoberfläche registrieren. Eine typische Eruption vom B-Typ fand am 23. Februar 1956 statt.

Hinsichtlich des Strahlenschutzes von Kosmonauten im Raumschiff ist die integrale Intensität von Teilchen mit Energien über 100 MeV von besonderem Interesse. Teilchen geringerer Energie werden von der Außenhaut des Raumflugkörpers effektiv absorbiert. Es zeigte sich, daß der Strahlungsfluß 8—16 Stunden nach Eruptionsbeginn seine maximale Stärke erreicht und nach 32 Stunden merklich abnimmt (vgl. Abb. 48).

Bei relativ kleinen Eruptionen übersteigt der maximale Protonenstrom mit Energien über 100 MeV nicht $5 \cdot 10^3 - 2 \cdot 10^4$ cm^{-2} s^{-1}, was mit dem Strahlungsfluß im inneren Strahlungsgürtel der Erde vergleichbar ist. Der maximale Protonenstrom mit Energien über 500 MeV von den stärksten Eruptionen, die einen starken Anstieg an der Erdoberfläche hervorrufen, beträgt etwa 10^3 cm^{-2} s^{-1} und erreicht über die gesamte Eruption etwa $5 \cdot 10^5$ Protonen/cm^2.

Für die Flugsicherheit während einer solchen Eruption

ist eine Abschirmung mit etwa 400 g/cm² Kohlenstoff erforderlich (bei langen interplanetaren Flügen kann der Brennstoffvorrat zur Abschirmung verwendet werden). Die Häufigkeit solcher Eruptionen ist aber so gering (eine Eruption in mehreren Jahren), daß kürzere Flüge (z. B. zum Mond und zurück) bei einer Abschirmung von 5—10 g/cm² Kohlenstoff praktisch gefahrlos sind. Dagegen nimmt bereits für Flüge zur Venus oder zum Mars die Gefahr durch starke Eruptionen wesentlich zu.

Die größte Gefahr geht für Kosmonauten von den stärksten Eruptionen mit den Stärkegraden 3 und 3+ aus. Unter Benutzung der Daten über das energetische Spektrum, die Intensität und die zeitlichen Schwankungen der solaren kosmischen Strahlung läßt sich die optimale, für den Schutz der Kosmonauten vor gefährlichen Bestrahlungsdosen erforderliche Abschirmung berechnen.

Als Abschirmung zum Schutz vor Protonen ist die Verwendung von ^{12}C am zweckmäßigsten. Kohlenstoff ist ein relativ leichtes Element, so daß die Protonen bei Zusammenstößen mit dessen Atomen einen bedeutenden Teil ihrer Energie an die ^{12}C-Kerne abgeben und effektiv gebremst werden (aus analogen Gründen werden Kohlenstoff oder kohlenstoffhaltige Stoffe auch für die Neutronenbremsung in Kernreaktoren eingesetzt).

Zum Schutz vor der durch Abbremsung sekundärer Elektronen im Kohlenstoff auftretenden Röntgenstrahlung kann eine zusätzliche Blei- oder Eisenabschirmung angewendet werden. In manchen Fällen ist es zweckmäßig, Aluminium zur Abschirmung zu verwenden, das hinsichtlich seiner mechanischen Eigenschaften im Vergleich zu Kohlenstoff zweifellos Vorteile hat.

Am Beispiel der Eruption vom 10. Mai 1959 kann man die Dicke der Kohlenstoffabschirmung berechnen, die die Bestrahlungsdosis auf einen ungefährlichen Wert abschwächt. Bei einer Potenzform des energetischen Teilchenspektrums mit der Potenz $\gamma = 6{,}8$ beträgt die

Abschirmdicke 22 cm (50 g/cm²). Dagegen erreicht man für Eruptionen des Typs vom 23. Februar 1956 eine ungefährliche Bestrahlungsdosis erst bei einer Dicke der Kohlenstoff-Abschirmschicht von etwa 260 cm. In diesem Fall würde eine sphärische Abschirmung mit einem Innenradius von 90 cm etwa 379 t wiegen!

Somit zeigen die Berechnungen, daß die Partikel-Eruptionen eine ernsthafte Strahlungsgefahr für kosmische Flüge darstellen und deshalb in Raumschiffen ein spezieller Strahlenschutz vorgesehen werden muß. Es muß gesagt werden, daß sich die ersten auf die Sonneneruptionen bezogenen Abschätzungen als weit überhöht erwiesen haben. Dafür wurde aber in den ersten, noch vor dem Eintritt des Menschen in den Weltraum ausgeführten Berechnungen die endliche Wahrscheinlichkeit der Bestrahlung eines Kosmonauten mit Strahlung gleichzeitig mehrerer Eruptionen nicht berücksichtigt.

Für relativ kleine Zeitintervalle kann man die Sonneneruptionen als statistisch voneinander unabhängige Ereignisse betrachten. Das Auftreten einer Eruption eines bestimmten Typs während des Fluges eines Raumschiffes ist ein zufälliges Ereignis, dessen Wahrscheinlichkeit sowohl von der Häufigkeit von Eruptionen diesen Typs als auch von der Flugdauer abhängt.

Die Wahrscheinlichkeit des Auftretens einer vorgegebenen Zahl von Eruptionen während der Dauer des Fluges läßt sich berechnen. Wenn man davon ausgeht, daß an einem Tage im Mittel 0,03 Eruptionen des Typs A und 0,0011 Eruptionen des Typs B vor sich gehen, so muß man für eine Flugdauer von mehr als 10 Tagen mit der Gefahr einer Bestrahlung des Kosmonauten durch Protonen mehrerer Eruptionen des A-Typs rechnen. So ist für eine Flugdauer von 20 Tagen die Wahrscheinlichkeit dafür, daß keine Eruption dieses Typs eintritt, gleich 55%, während sie für das Eintreten einer Eruption 33%, zweier Eruptionen 10% und dreier Eruptionen 2% beträgt.

Offensichtlich muß man bei der Projektierung des

Strahlungsschutzes für einen Flug dieser Dauer davon ausgehen, daß zumindest zwei Eruptionen des Typs A eintreten können. Die Strahlensicherheit ist dann bei einer Abschirmung von etwa 10 g/cm² Aluminium gewährleistet im Gegensatz zu etwa 4 g/cm² zum Schutz vor den Protonen nur einer Eruption.[1])

Für kosmische Flüge von mehreren Monaten Dauer nimmt die Wahrscheinlichkeit einer Bestrahlung des Kosmonauten mit Protonen nicht nur von zwei, sondern auch von drei, von vier usw. Eruptionen zu. Ebenso wächst auch die Wahrscheinlichkeit für eine Eruption des Typs B. Allerdings wird in den Fällen, in denen mit der Bestrahlung durch Protonen mehrerer Eruptionen des Typs A gerechnet und eine Abschirmdicke von 10—15 g/cm² vorgesehen wird, auch die Dosis der Bestrahlung mit Protonen aus Eruptionen des Typs B erheblich herabgesetzt.

Ein anderes wichtiges Verfahren zur Abschätzung der Strahlengefährdung durch Protonen mehrerer Eruptionen kann die Anwendung eines bestimmten „Risikokriteriums" sein. Als ein derartiges Kriterium kann eine Wahrscheinlichkeit von 5% für die Bestrahlung des Kosmonauten mit einer etwas über der zulässigen liegenden Dosis dienen, wobei die Wahrscheinlichkeit der Bestrahlung mit einer tödlichen Dosis auf 0,5% zu begrenzen ist. Für die Absicherung einer Flugdauer von beispielsweise 20 Tagen ist dann eine Abschirmungsdicke von 10 g/cm² erforderlich, für eine Flugdauer von 100 Tagen — etwa 20 g/cm².

Die angeführten Werte gelten für die Periode der maximalen Sonnenaktivität. Für das Aktivitätsminimum sind die Werte als obere Grenze anzusehen.

Bei Flügen auf erdnahen Bahnen (ausgenommen die

---

[1]) Dieser Unterschied in der Schutzdicke für eine bzw. zwei Eruptionen ergibt sich daraus, daß zwischen der Dosis und der Dicke der Schutzschicht ein nichtlinearer Zusammenhang besteht: Bei Änderung der Schichtdicke ändert sich die mittlere Energie der Teilchen, die den Schutz durchdringen und den wesentlichen Teil der Dosis darstellen.

Polargebiete) sind die Kosmonauten durch das geomagnetische Feld vor Protonen geschützt. Beim Vordringen in größere Tiefen des Kosmos ist ein spezieller Schutz erforderlich. Bisher war die Rede von einer Abschirmung durch Schichten bestimmter Materialien (stoffliche Abschirmung). Als Schutz können im Prinzip auch magnetische oder elektrostatische Felder oder Plasma dienen, mit denen der Flugkörper umgeben wird.

Wie sind die Aussichten für die Einsetzbarkeit der verschiedenen Arten des Strahlenschutzes bei kosmischen Flügen der näheren Zukunft?

Es läßt sich zeigen, daß die Dicke einer stofflichen Abschirmung von Protonen der Energie $\varepsilon_k = 30$, 100 und 200 MeV gleich 1, 10 bzw. 30 g/cm^2 sein muß. Zum Vergleich kann man das Gewicht einer Anlage zur Magnetfeldabschirmung unter Verwendung supraleitender Magnete abschätzen. Es zeigt sich, daß deren Gewicht nicht geringer ist als das einer stofflichen Abschirmung.

Die Abschirmung gegen Protonen mit Hilfe elektrostatischer Felder wird in der näheren Zukunft praktisch nicht verwirklicht werden können, weil die Erzeugung der notwendigen Felder einen außerordentlich hohen Verbrauch an Elektroenergien bedingt. Außerdem werden in einem elektrostatischen Feld in beträchtlichem Umfang Elektronen beschleunigt, für deren Abschirmung vom Raumschiff dann wieder die Schaffung eines schützenden Magnetfeldes erforderlich wäre.

In der Plasmaabschirmung kombinieren sich der elektrostatische Protonenschutz und die Ausbildung eines Magnetfeldes um das Raumschiff als Elektronenabschirmung. Die dazu erforderliche Feldstärke und das entsprechende Gewicht des Magnetsystems sind wesentlich geringer als bei Verwendung eines Magnetfeldes allein zum Schutz vor den Protonen von Sonneneruptionen. Für ein toroidförmiges Raumschiff läßt sich das Eindringen von Elektronen durch „Löcher" im Magnetfeld ähnlich den Erdpolen völlig verhindern. Die Bahnen der von den Magnetfeldlinien eingefangenen Elektronen verlaufen spiralförmig um die Feldlinien. Das in diesem Fall positiv geladene Raumschiff ist dann von einer Elektronenwolke gleicher Ladungsgröße umgeben.

Schätzen wir die wesentlichen Parameter einer Plasmaabschirmung für ein Raumschiff mit einem maximalen Durchmesser von 10 m ab, dessen elektrisches Potential 200 kV beträgt. Wegen der Stabilitätsbedingung des magnetischen Feldes muß die magnetische Induktion 2660 Gauss betragen. Bei einer Stromdichte von 100000 A/cm^2 in der supraleitenden Wicklung des Magneten beträgt dessen Gewicht 550 kg, die Stromstärke ist gleich $2 \cdot 10^6$ A. Unter Berücksichtigung des Kühlsystems für den Magneten (180 kg) ergibt sich das Gesamtgewicht der elektromagnetischen Anlage zu 730 kg, ihre Leistung zu 36 kW. Es ist offensichtlich, daß die Schaffung einer Plasmaabschirmung für ein Raumschiff keine leichte Aufgabe ist.

Das Problem der Vorhersage von Sonneneruptionen allgemein und insbesondere von Eruptionen, die von starken Ausbrüchen schneller Teilchen begleitet werden, ist wohl noch weit von seiner Lösung entfernt. Daraus folgt, daß zur Gewährleistung der Strahlensicherheit für die Kosmonauten bei langdauernden Flügen zu anderen Planeten des Sonnensystems neben der Ausarbeitung von Methoden zur Magnetfeld- und Plasmaabschirmung die verläßliche Abschätzung der Dicke stofflicher Abschirmungen unumgänglich ist. Die bisher auf der Grundlage der vorhandenen Daten durchgeführten groben Berechnungen ergeben zu große Abschirmdicken, die zu einer übermäßigen Gewichtsbelastung des Raumschiffes führen. Im Zusammenhang damit ergibt sich die Aufgabe, Abschirmmethoden zu entwickeln, bei denen Konstruktionsteile des Flugkörpers (bewegliche Abschirmungen, spezielle Strahlenschutzräume, Treibstofftanks) mit als Abschirmung benutzt werden.

Offensichtlich sind dazu neue Berechnungen der gefährlichen Dosen und Abschirmdicken unter Berücksichtigung der Besonderheiten in der Ausbreitung der solaren kosmischen Strahlung sowie der Variabilität ihres Energie-Spektrums in Raum und Zeit erforderlich. Sind diese Unterlagen vorhanden, können spezielle dosimetrische Anlagen, die auf die Änderungsgeschwindigkeit der Strahlungsintensität reagieren, zusammen mit entsprechenden Programmiereinrichtungen, in denen die erforderliche Information über die zulässigen Dosiswerte eingespeichert ist, der Raumschiffbesatzung die Möglichkeit geben, in jedem konkreten Fall die optimale Abschirmvariante auszuwählen.

Die Strahlungsbarriere ist ohne Zweifel ein ernstes Hindernis für die Durchführung langdauernder Raumflüge. In den letzten Jahren wurde klar, daß eine Verlängerung der Flugdauer zu einer beträchtlichen Verstärkung der Bestrahlung von Kosmonauten durch Partikel galaktischen Ursprungs führt, insbesondere durch schwere Kerne mit Ladungen über 10. Beim Durchgang durch den Augapfel erzeugen diese Teilchen Lichtblitze. Entsprechende Lichtblitze beobachteten die amerikanischen Kosmonauten insbesondere während der Mondflüge mit den Raumschiffen „Apollo-11", „12" und „13" mit einer Häufigkeit von ungefähr einem Blitz pro Minute. Die biologische Gefährlichkeit der schweren Kerne wird bestimmt durch ihre Fähigkeit, einige Teile von Gehirnzellen und anderen nicht wiederherstellbaren Zellen im Organismus des Menschen zu zerstören. Im Zusammenhang damit zeigten die erfolgreichen Flüge sowjetischer und amerikanischer Kosmonauten mit Dauern von einigen Wochen bis zu 2 Monaten, daß der Mensch im Weltraum nicht völlig hilflos gegenüber gefährlicher Strahlung ist. Die Kosmonauten haben Methoden und Mittel zur Verfügung (wozu auch pharmakologische Präparate gehören), die einen Schutz vor kosmischer Strahlung gewähren oder zumindest deren zerstörende Wirkung mindern. Und obgleich dieses Problem noch nicht vollständig gelöst ist, konnten durch die Anstrengungen von Wissenschaftlern und Ingenieuren in den letzten Jahren ermutigende Ergebnisse erzielt werden.

Ende 1973 führte eine Gruppe sowjetischer Wissenschaftler (E. E. KOVALEV u. a.) an Bord von „Kosmos-605" erfolgreiche Versuche mit einem Modell zur elektrostatischen Abschirmung des Raumschiffes gegen die Elektronen der irdischen Strahlungsgürtel durch. Die erhaltenen Ergebnisse verlangen eine erneute Betrachtung der früheren Vorstellungen über vermutete Schwierigkeiten bei der Schaffung abschirmender elektrischer Felder im Kosmos unter Benutzung des Vakuums als isolierendes Medium, das den kosmischen Apparat umgibt. Es wurde gezeigt, daß bei dem gegenwärtigen Entwicklungsstand der Hochspannungstechnik die Schaffung einer wirksamen elektrostatischen Abschirmung gegen die Elektronen der Strahlungsgürtel mit minimalem Gewicht bei geringem Energieverbrauch möglich ist. Eine solche Abschirmung kann beispielsweise bei der Arbeit von Kosmonauten in geostationären Satelliten (in Höhen von ca. 36000 km über der Erdoberfläche) benutzt werden. Dabei bleibt natürlich die Notwendigkeit für einen kleinen Schutzraum zum Schutz vor Protonen und Sonneneruptionen bestehen. Jedoch ist auch unter Berücksichtigung eines solchen Raumes das Gewicht der elektrostatischen Abschirmung um Größenordnungen geringer als das Gewicht einer äquivalenten Abschirmung durch feste Materie.

6. Kosmische Strahlung um uns

Noch vor 15—20 Jahren rief die Frage nach einer praktischen Anwendung der kosmischen Strahlung bei den mit ihrer Erforschung beschäftigten Spezialisten Verlegenheit oder ein skeptisches Lächeln hervor. Das ist nicht verwunderlich. Über Jahrzehnte galt ja die Untersuchung der kosmischen Strahlung als ein Gebiet der „reinen Physik". Der Start des ersten künstlichen Erdtrabanten in der UdSSR eröffnete die Ära der praktischen Erschließung des Weltraums, wo die kosmische Strahlung bei weitem nicht die letzte Rolle spielt. Der Schöpfergeist von Wissenschaftlern und Ingenieuren fand für die kosmische Strahlung auch durchaus „irdische" Arbeit — als Hilfsmittel für Archäologen und Biologen bei der Lösung von Aufgaben, die vom Leben selbst, von den praktischen Bedürfnissen des Menschen gestellt werden.[1])

Die Untersuchung der nuklearen Wechselwirkungen kosmischer Strahlung half den Physikern, tief in die Geheimnisse des Mikrokosmos einzudringen. Die Erforschung der Teilchenbeschleunigung und -ausbreitung, ihrer zeitlichen und räumlichen Intensitätsschwankungen gestattete den Astronomen, einen Blick weit in die Tiefen des Kosmos zu werfen. Weitere Anstrengungen der Wissenschaftler können zu Ergebnissen führen, die Licht in viele Geheimnisse der Evolution des Lebens auf der Erde, der Geschichte der Erde selbst und der des Sonnensystems bringen.

Kosmische Strahlung im Dienst der Archäologie. Vor einigen Jahren erschien in einer wissenschaftlichen Zeitschrift eine interessante Mitteilung: In dem durch den Montblanc führenden Tunnel wurden 1968 Versuche zur Registrierung hochenergetischer kosmischer Strahlung begonnen. Ziel der Versuche ist es, Intensität und Zusammensetzung und nach Möglichkeit auch die Quelle der unter kleinem Neigungswinkel zum Horizont einfallenden Strahlung zu ermitteln, um sie mit den Werten für die vertikale Komponente, die in tiefen Schächten erhalten wurden, vergleichen zu können. Der Montblanc dient in diesen Experimenten als eine Art „Filter" für die kosmische Strahlung. Die Dicke dieses Filters ist so, daß die Energie der Primärteilchen nicht kleiner als

---

[1]) In diesem Zusammenhang soll auf eine interessante Erscheinung hingewiesen werden, die man zu den mit der Wissenschaft verbundenen Kuriositäten rechnen kann. Mit der Entdeckung der kosmischen Strahlung trat eine merkbare Belebung der Astrologie (!) auf. Die Astrologen beziehen sich häufig darauf, daß die kosmische Strahlung, die ja von den Sternen ausgehe, auf die Erde wirkt und das Schicksal der Menschen bestimmen kann. Wir nehmen an, daß der Leser dieses Buches keiner Widerlegung astrologischer „Prognosen" bedarf.

10^{12} eV sein darf, wenn die „Splitter“ ihrer nuklearen Wechselwirkungen in der Atmosphäre den Tunnel erreichen sollen.

Die Experimente unter dem Montblanc und generell in großen Tiefen unter der Erdoberfläche dienen rein wissenschaftlichen Zwecken, und auf den ersten Blick scheinen sie nur höchst entfernt etwas mit praktischen Aufgabenstellungen zu tun zu haben. Wir wollen aber einige Beispiele dafür anführen, welche unerwarteten praktischen Anwendungsgebiete sich manchmal für bestimmte wissenschaftliche Ergebnisse ergeben.

Wer kennt nicht die ägyptischen Pyramiden — diese herausragenden Zeugnisse der Baukunst des Altertums? Wer war nicht beeindruckt von den Erzählungen über die Grabkammern der Pharaonen? Es klingt unwahrscheinlich, aber gegenwärtig beschäftigen sich mit den Geheimnissen der Pyramiden nicht nur Archäologen, sondern auch Physiker, und zwar mit Hilfe von — kosmischer Strahlung!

Die Pyramiden sind komplizierte Bauwerke. Die Wissenschaft nimmt an, daß in ihrem Innern eine Vielzahl noch nicht entdeckter Geheimgänge und Hohlräume vorhanden sein kann. Nicht immer gelingt es, sie auf direktem Wege aufzufinden. Anfang vorigen Jahrhunderts versuchten einige Forscher, durch Aussprengung von Löchern auf versteckte Hohlräume zu stoßen. Diese Versuche hatten keinen Erfolg.

1965 schlug der amerikanische Physiker L. ALVAREZ vor, zur Sondierung von Pyramiden die kosmische Strahlung zu nutzen. Dieser Vorschlag wurde von ägyptischen Archäologen unterstützt. So entstand das gemeinsame amerikanisch-ägyptische Projekt „Pyramid“.

Im Frühjahr 1967 wurden in einer der Kammern unter der Chefren-Pyramide spezielle hochempfindliche Geräte, sogenannte Funkenkammern, für die Registrierung geladener kosmischer Teilchen (μ-Mesonen) aufgestellt. Die Idee von ALVAREZ besteht in folgendem: Die aus verschiedenen Richtungen von oben auf die Detektoren gelangenden Teilchen erfahren eine unterschiedliche

Absorption in Abhängigkeit davon, was für eine Steinschicht sie zu überwinden hatten. Liegen auf ihrem Weg Hohlräume, ist die Absorption geringer und die Geräte registrieren eine höhere Intensität.

Im Verlauf einiger Monate wurden im Jahr 1968 etwa 20% des Pyramidenvolumens untersucht, hauptsächlich in dem der Spitze näher liegenden Bereich. Bisher konnten keine versteckten Hohlräume entdeckt werden; nachgewiesen wurde aber die Anwendbarkeit dieser Methode für archäologische Untersuchungen.

Von nicht geringerem Interesse ist eine andere Anwendung kosmischer Strahlung in der Archäologie — für historische Altersbestimmungen nach dem radioaktiven Kohlenstoffisotop ^{14}C. Das Prinzip der von dem amerikanischen Physiker W. Libby vorgeschlagenen Radiokohlenstoff-Chronometrie besteht in folgendem:

Durch die Stoffwechseltätigkeit der Pflanzen und Tiere gelangt der durch die kosmische Strahlung in der Atmosphäre gebildete Radiokohlenstoff zusammen mit gewöhnlichem Kohlenstoff in lebendes Gewebe. In allen Arten von lebendem Gewebe ist der gleiche, dem natürlichen Gleichgewichtsgehalt entsprechende Anteil an Radiokohlenstoff enthalten. Da der Kreislauf des Kohlenstoffs in der Natur im Vergleich zur Halbwertszeit des ^{14}C schnell vor sich geht, wird der Radiokohlenstoffgehalt lebender Organismen lediglich durch den Radiokohlenstoffgehalt der Atmosphäre bestimmt.

Die Bäume, aus denen sich in prähistorischer Zeit Kohle gebildet hat, enthielten natürlich auch Radiokohlenstoff. Durch ihr Absterben hörte aber der Stoffaustausch zwischen den Geweben und der Umgebung auf. In der Folgezeit zerfiel der Radiokohlenstoff in den Geweben, ohne wieder ersetzt zu werden. In den seit der Steinkohlenbildung vergangenen Jahrmillionen ist der Radiokohlenstoff vollständig zerfallen, und in nicht kontaminierten Proben lassen sich selbst durch äußerst sorgfältige Messungen keine Spuren von ^{14}C mehr nachweisen.

Ein völlig anderes Bild bietet sich, wenn die seit dem Absterben des Organismus, dessen Überreste wir untersuchen, vergangene Zeit in der Größenordnung der Halbwertszeit des Radiokohlenstoffs (etwa 5700 Jahre) liegt. Von großem Interesse sind in diesem Zusammenhang die Begräbnisse ägyptischer Pharaonen. Einer sorgfältigen Untersuchung wurden Stücke des Zypressenholzes unterworfen, aus dem der Sarg des Pharao Snofru bestand, der nach entzifferten ägyptischen Inschriften vor 4600 Jahren gestorben war. Es zeigte sich, daß der gefundene Radiokohlenstoffgehalt dem entsprach, der theoretisch zu erwarten war, wenn die Zypressen vor 4800 Jahren gefällt wurden.

Im Jahr 70 u. Z. fand der berühmte Vesuvausbruch statt, durch den die Städte Pompeji und Herculanum verschüttet wurden. Bei Ausgrabungen wurden dort u. a. verkohlte Brotstücken gefunden. Auch hier zeigte es sich, daß das „Alter" des Brotes aus Pompeji ausgezeichnet mit den aus schriftlichen Quellen bekannten Daten in Übereinstimmung steht.

Es ließen sich noch andere Beispiele für die Anwendbarkeit und Zuverlässigkeit der Altersbestimmung von Überresten organischer Substanz nach der Menge des in ihnen erhalten gebliebenen Radiokohlenstoffs anführen. Wie schon erwähnt, wird die ^{14}C-Konzentration in der Atmosphäre durch die mittlere Intensität der kosmischen Strahlung bestimmt. Blieb die Intensität über längere Zeiträume annähernd konstant, so stellte sich in der Atmosphäre eine Gleichgewichtskonzentration an ^{14}C ein. Offensichtlich ist dies tatsächlich der Fall, wenn man einen Zeitraum von einigen Zehntausend Jahren im Auge hat. Davon ausgehend wendet man die Radiokohlenstoffmethode in breitem Maße zur Bestimmung des Alters auch solcher Objekte an, für die keine Vergleichsmöglichkeiten gegeben sind. Beispielsweise zeigten die Messungen für die in Sümpfen auf der Halbinsel Taimyr gefundenen Überreste eines Mammuts, daß es vor 12000 Jahren lebte.

Die kosmische Strahlung und die Evolution des Lebens auf der Erde. Welcher Kosmosphysiker hat nicht von Zeit zu Zeit die immer wieder gleiche Frage seiner Bekannten zu beantworten: Ist die kosmische Strahlung schädlich für die Gesundheit des Menschen? Der Leser hat bereits dem vorangegangenen Kapitel entnommen, daß im offenen Kosmos hochenergetische Teilchen, insbesondere während Sonneneruptionen, eine bestimmte Gefahr darstellen. Wie wirkt aber die kosmische Strahlung auf lebende Organismen auf der Erdoberfläche?

Erinnern wir uns, daß die Erdoberfläche dem dauernden Bombardement sekundärer Teilchen ausgesetzt ist, die sich in den hohen Atmosphärenschichten aus hochenergetischen Primärteilchen bilden. Es ist anzunehmen, daß diese Untergrundstrahlung in der gesamten Zeit der biologischen Erdgeschichte vorhanden war, wenn auch ihre Intensität wahrscheinlich zum Teil recht erheblichen Schwankungen ausgesetzt war. Wie dem auch sei — die Biosphäre der Erde entstand und entwickelte sich unter Bedingungen, für die die kosmische Strahlung ebenso wie die natürliche Radioaktivität der Erdrinde, der Gewässer und der Luft zu den normalen Umweltfaktoren gehören, denen sich die lebenden Organismen im Verlaufe vieler Jahrmillionen angepaßt haben. Die Existenz der Menschheit selbst und ihre eindrucksvolle Entwicklung in den letzten Jahrtausenden sind ein überzeugender Beweis für diese Anpassung und Grund zum Optimismus in bezug auf die Gefahren, die uns von Seiten der kosmischen Strahlung drohen.

Andererseits ist aus der Biologie gut bekannt, daß in der Evolution des Lebens auf der Erde sogenannte Mutationen (genetische Sprünge) eine überaus wichtige Rolle spielen. Es handelt sich dabei darum, daß manchmal (allerdings relativ selten) ein neu geborenes Individuum sich erheblich von seinen Eltern unterscheidet, wobei die erworbenen Eigenschaften (z. B. schlechte Gerinnbarkeit des Bluts, Zwergwuchs u. a.) in den folgenden Generationen erhalten bleiben. Meist sind derartige Veränderungen für den Organismus schädlich, sie verschlechtern dessen Positionen im Kampf um das Dasein, und die Individuen mit diesen Eigenschaften sterben aus. Manchmal fallen solche Veränderungen aber so aus, daß das veränderte Individuum dem Kampf um das Dasein besser angepaßt ist als die übrigen Individuen der jeweiligen Art. Eine solche Veränderung festigt sich in der langen Reihe der Generationen, und mit der Zeit wird sie von allen Individuen der Art erworben.

Wodurch werden derartige Mutationen hervorgerufen? Ihre Ursache liegt wohl in den sprungartigen Veränderungen, die von Zeit zu Zeit in den Geschlechtszellen der Organismen auftreten. Die Biologen nehmen an, daß einer der solche Veränderungen unter natürlichen Bedingungen hervorrufenden Faktoren die kosmische Strahlung und die natürliche Radioaktivität ist.

Der Mechanismus für das Auftreten von Mutationen ist sehr kompliziert; sein Wesen besteht aber im folgenden. Unter der Einwirkung der kosmischen Strahlung können Störungen in der molekularen Struktur der sogenannten Desoxyribonukleinsäure (DNS) auftreten, die in den Kernen der Geschlechtszellen der Träger der Erbinformationen ist. Der Grund für solche Strukturstörungen kann beispielsweise in der Zerstörung einer Elektronenbindung im DNS-Molekül liegen.

Es ist ziemlich schwierig, ein Beispiel anzuführen, das den Prozeß des Auftretens einer Mutation in seinem ganzen Umfang illustrieren könnte. Es läßt sich lediglich sagen, daß ein einmal aufgetretener „Defekt“ im DNS-Molekül in allen folgenden Generationen des Organismus ständig reproduziert wird etwa in der Art, wie in der gesamten Auflage eines Buches der in der Druckmatrize enthaltene Druckfehler reproduziert wird. Analog wird auch ein während einer Schallplattenaufnahme auf die Plattenmatrize gelangter falscher Ton auf jeder davon produzierten Kopie wieder zu hören sein.

Noch vor der Herausarbeitung dieser Vorstellungen führten „ungeduldige“ Physiker und Biologen eine

Vielzahl von Experimenten über die Einwirkung der kosmischen Strahlung auf verschiedene biologische Objekte durch. Verständlicherweise wurden dafür sich schnell vermehrende Organismen genommen, die sich gut für genetische Versuche eignen (zum Beispiel Fruchtfliegen — Drosophilae — oder Bakterien). Ein eindeutiger Effekt der Bestrahlung mit erhöhten Dosen kosmischer Strahlung wurde aber nicht festgestellt.

Im Zusammenhang mit dem Beginn bemannter Raumflüge in Erdnähe und zum Mond (und in Zukunft ohne Zweifel auch zu den anderen Planeten des Sonnensystems), aber auch mit der Möglichkeit, auf anderen Himmelskörpern lebende Organismen vorzufinden, erlangt die Frage nach den genetischen Folgen einer Bestrahlung mit kosmischer Strahlung in unseren Tagen noch größeres Interesse.

In methodischer Hinsicht ist es einfacher, biologische Objekte mit der Strahlung radioaktiver Präparate oder mit hochenergetischen Teilchen aus Beschleunigern zu bestrahlen. Es erwies sich, daß eine zusätzliche Bestrahlung die Zahl der auftretenden Mutationen merkbar ansteigen läßt und neue Arten zu erhalten gestattet, die im Vergleich zu den ursprünglichen Arten gewisse Vorzüge besitzen. Natürlich ist aber die große Mehrzahl der auftretenden Mutationen schädlich. Zum Beispiel wurde unter vielen hundert künstlich bei Weizen hervorgerufenen Mutationen lediglich eine nützliche Form gefunden.

Dennoch ist die Annahme berechtigt, daß die Strahlung radioaktiver Stoffe sowie die kosmische Strahlung eine sehr große, wenn nicht sogar die entscheidende Rolle in der natürlichen Evolution der Lebensformen gespielt haben. Diese Annahme gewinnt noch an Wahrscheinlichkeit, wenn man bedenkt, daß die Intensität der kosmischen Strahlung in der Vergangenheit zeitweilig erheblich ansteigen konnte, beispielsweise während des Ausbruchs einer Supernova oder in gewissem Maße auch während der Inversion (des Polaritätswechsels) des geomagnetischen Feldes.

Wie hoch ist der Strahlungsuntergrund auf der Erde gegenwärtig? In mittleren Breitengraden beträgt die Strahlungsintensität auf Meeresspiegelhöhe und über gewöhnlichem Granit 0,14—0,15 Röntgen pro Jahr. Etwa zu 2/3 geht sie auf Strahlung radioaktiver Stoffe und zu 1/3 auf kosmische Strahlung zurück. Über der Meeresoberfläche beträgt die Strahlungsintensität lediglich 0,05—0,06 Röntgen pro Jahr und stammt im wesentlichen aus dem Kosmos (Meerwasser enthält wesentlich weniger radioaktive Stoffe als Gesteine).

Diese Zahlen zeigen, daß — wenn der Verlauf der Evolution tatsächlich durch die Strahlungseinwirkung bestimmt wird — die kosmische Strahlung dabei eine ganz wesentliche Rolle spielt. Besonders groß müßte dann ihr Einfluß in den Anfangsphasen der Evolution gewesen sein, wenn man berücksichtigt, daß nach modernen Vorstellungen das Leben in den Randgebieten des Weltozeans entstanden ist und die Dicke der Atmosphäre wesentlich geringer war als in der Gegenwart. Es ist durchaus denkbar, daß bei Nichtexistenz der kosmischen Strahlung die Evolution auf der Erde wesentlich anders verlaufen wäre.

Um sich den Platz der kosmischen Strahlung auf der Zeitskala vorstellen zu können, wollen wir die folgende „Zeittreppe“ betrachten[1]):

Kleinstes durch das Ohr unterscheidbares Zeitintervall	0,1 s
Tag (24 Stunden)	ca. 10^5 s
Dauer des menschlichen Lebens	ca. 10^9 s (100 Jahre)
Alter der Zivilisation	10^4 Jahre
Dauer der Existenz des Menschen	10^6 Jahre
Dauer der Existent von Säugetieren	10^8 Jahre
Alter der galaktischen kosmischen Strahlung (obere Grenze)	$\lesssim 10^8$ Jahre
Alter der Erde	$4{,}5 \cdot 10^9$ Jahre

[1]) Die Angaben stammen (mit teilweisen Veränderungen) aus dem Buch von W. Weisskopf (В. Вайскопф „Наука и удивительное“), Verlag Nauka, Moskau 1965.

Dauer der Existenz von Leben auf der Erde	$3{,}2 \cdot 10^9$ Jahre

Setzt man das Erdalter einem Tag gleich, so existiert Leben seit 10 Stunden, erschienen Säugetiere vor 37 min, ist die Menschheit lediglich 10 s alt. Das Alter der kosmischen Strahlung, die gegenwärtig in Erdnähe registriert wird, übersteigt nach dieser Skala nicht eine halbe Stunde.

Urteilt man nur nach diesen angeführten Zahlen, so könnte es scheinen, daß wir von der Rolle der kosmischen Strahlung in den biologischen Prozessen auf der Erde nur hinsichtlich der letzten Jahrzehnmillionen sprechen können, d. h. für eine Periode, in der sich Tier- und Pflanzenwelt bereits ihrem heutigen Zustand näherten. Das ist richtig, soweit es die kosmische Strahlung betrifft, die vor 10^8 Jahren oder etwas später ihren Ursprung nahm. Die Untersuchung von Meteoriten ergab aber Anhaltspunkte dafür, daß in der weit entfernten Vergangenheit (vor 300—900 Mill. Jahren) die Intensität der galaktischen kosmischen Strahlung etwa um den Faktor 3 unter dem gegenwärtigen Niveau lag und vor etwa 100 Mill. Jahren wieder auf den jetzigen Wert anwuchs (vgl. Abb. 39).

Diese Daten und dazu die Tatsache der Inversion (Polaritätswechsel) und der „Wanderung" der Pole des geomagnetischen Feldes erscheinen uns ausreichend dafür zu sein, ernsthaft die Rolle der Intensitätsschwankungen der kosmischen Strahlung in den biologischen Prozessen auf der Erde zu durchdenken. Derartige Überlegungen führten beispielsweise zu der sehr interessanten Hypothese, daß das sogenannte „große Reptiliensterben" am Ende der Kreidezeit (vor etwa 70 Mill. Jahren) durch eine damals eingetretene Intensitätszunahme der kosmischen Strahlung verursacht wurde.

Berechnungen zeigen tatsächlich, daß die Erde in einzelnen Perioden ihrer Geschichte Strahlungsdosen erhalten konnte, die für das massenweise Aussterben bestimmter Tierarten ausreichend sind. Die Mehrzahl der Spezialisten nimmt gegenwärtig an, daß die kosmische Strahlung in Ausbrüchen von Supernovae ihren Ursprung hat. Ein einzelner derartiger Ausbruch kann zu einem Energieausstoß in Form von kosmischer Strahlung führen, der den gigantischen Wert von $10^{50}-10^{51}$ erg erreicht. In diesem Fall beträgt die Bestrahlungsdosis in einer Entfernung von r Lichtjahren vom ausstrahlenden Stern $(3 \cdot 10^6 - 3 \cdot 10^7)/r^2$ Röntgen. Dabei sind nur die Ausbrüche der Sterne zu berücksichtigen, die weniger als 600 Lichtjahre von der Erde entfernt sind, da nur sie eine über dem Strahlungsuntergrund an der Erde liegende Dosis verursachen.

Es wurde errechnet, daß Ausbrüche von Supernovae in unserer Galaxis etwa einmal in 50 Jahren vorkommen. Selbst wenn man den unteren Wert der abgestrahlten Energie (10^{50} erg) nimmt, erhielte die Erde alle 50 Mill. Jahre eine über 500 Röntgen und alle 300 Mill. Jahre eine über 1500 Röntgen liegende Dosis. Die genetischen Folgen derartiger Ereignisse sind wahrscheinlich nicht sehr gravierend, da die Zahl der Mutationen in den Zwischenzeiten zwischen den Ausbrüchen bei weitem die der durch die Ausbrüche selbst verursachten Mutationen übertrifft.

Es besteht aber eine andere Gefahr: Ein verstärkter Fluß kosmischer Strahlung kann zu einem Massensterben bestimmter Tierarten nicht wegen schädlicher Mutationen, sondern wegen einer Bestrahlung mit einer tödlichen Dosis führen, die für die meisten Tierarten bei 200—700 Röntgen liegt. Pflanzen tragen dabei fast keine Schäden davon, da für sie die entsprechende Dosis etwa um den Faktor 10 höher liegt. Auch das Sterben von Meerestieren läßt sich dadurch nicht erklären, da die Absorption im Wasser die Strahlenbelastung stark herabsetzt.

Für die genetische Einwirkung der kosmischen Strahlung auf das irdische Leben gibt es noch eine andere Möglichkeit, die mit der sogenannten Inversion des geomagnetischen Feldes zusammenhängt. Nehmen wir an, wir könnten uns für eine Minute auf die Erde vor 900 Mill. Jahren zurückversetzen. Ein Blick auf den Kompaß würde uns etwas Eigenartiges zeigen: Die „Nordspitze" der Kompaßnadel würde nach Süden zeigen. In nach geologischen Maßstäben nicht allzuweit zurückliegenden Epochen war das Magnetfeld unserer Erde umgekehrt, d. h., die Richtung seiner Feldlinien war der heutigen entgegengesetzt. Im Prozeß des Polwechsels „verschwindet" das Magnetfeld für eine kurze Zeit, d. h., seine Feldstärke sinkt fast auf Null ab, um dann wieder mit umgekehrtem Vorzeichen zuzunehmen. In der Vergangenheit gingen solche Magnetfeldinversionen in Abständen von manchmal 50000, teilweise aber auch von Millionen von Jahren vor sich. Über die Ursache der Inversionen gibt es noch verschiedene Meinungen; insgesamt gesehen liegt das Problem wohl in einer instabilen Arbeit unserer großen „Dynamomaschine" — des Erdkerns.

Welche Folgen kann das Verschwinden des Magnetfeldes für die irdische Biosphäre haben? In den Inversionsperioden nimmt der allgemeine Strahlungsuntergrund auf der Oberfläche unseres Planeten etwas zu (in niedrigen Breitengraden ungefähr um den Faktor 2) durch die aus der Galaxis kommende kosmische Strahlung. Außerdem sind auf dem verstärkten Untergrund stärkere Intensitätsspitzen solarer kosmischer Strahlung zu beobachten.

In Zusammenhang damit entwickelten 1976 G. Reid u. a. die interessante Idee, daß während einer Inversion die solaren Protonen die Ozonschicht der Erdatmosphäre in katastrophaler Weise zerstören könnten. Auf diese Weise würde die Biosphäre etwa 1000 Jahre lang (während das Feld fast verschwindet) einer intensiven Ultraviolettstrahlung der Sonne ausgesetzt sein, was zum Untergang einzelner Arten von Lebewesen führen könnte. Wenn auch diese Hypothese aus energetischen Erwägungen nicht unbestritten ist, so verdient doch unserer

Ansicht nach der vorgeschlagene Mechanismus einer Zerstörung der Ozonschicht durch kosmische Strahlungen Aufmerksamkeit. Die notwendige Energie könnte aus den Eruptionen von Supernovae stammen. Abschätzungen zeigen, daß während der Existenz des Sonnensystems in Entfernungen bis zu 30 Lichtjahren von der Erde einige Supernova-Explosionen erfolgt sein könnten.

Es läßt sich auch nicht völlig ausschließen, daß die Inversion des geomagnetischen Feldes mit dem Ausbruch einer Supernova zusammenfällt. Die Wahrscheinlichkeit eines solchen Zusammentreffens ist aber äußerst gering. Berücksichtigt man nur die kosmische Strahlung (sowohl solarer als auch galaktischer Herkunft), so erreicht der Strahlungsuntergrund beispielsweise über der Ozeanoberfläche bei der gegenwärtigen Atmosphärendicke lediglich 0,10—0,12 Röntgen pro Jahr (anstelle von 0,05 bis 0,06 Röntgen pro Jahr bei Abwesenheit einer Inversion). Eine Zunahme um diese Größenordnung dürfte kaum merkliche biologische Folgen haben — weder kurzzeitige noch langwirkende (genetische). Von viel größerer Bedeutung für die Biosphäre kann das Verschwinden des geomagnetischen Feldes selbst sein, das, wie es sich in den letzten Jahren herausstellte, eine wichtige Rolle im Leben der irdischen Organismen spielt. Nach Abschätzungen von Wissenschaftlern ist die nächste Magnetfeldinversion vielleicht schon in zweitausend Jahren zu erwarten. Diese Thematik geht aber schon über den Rahmen unseres Buches hinaus.

Die Bekanntschaft mit der kosmischen Strahlung und deren Variationen führte uns zu fundamentalen Problemen der modernen Astrophysik, Geophysik, Biologie und anderer Wissenschaften.

Die Rolle der kosmischen Strahlung im Weltraum ist kaum zu überschätzen. Als einer der Energieträger im Kosmos ist sie ein gleichberechtigter Teilnehmer vieler kosmophysikalischer Prozesse — neben dem magnetischen Feld und anderen Strahlungsarten. Jeder große Fortschritt der Astrophysik wurde durch Erfolge bei der Erforschung der kosmischen Strahlung gestützt und umgekehrt. So steht z. B. die Verbindung zwischen der kosmischen Strahlung und den neuesten astrophysikalischen Entdeckungen — den Röntgen- und Gammastrahlenquellen, den Quasistern-Radioquellen (Quasaren), den pulsierenden Radioquellen (Pulsaren), der Relikt-Photonenstrahlung des Weltraums u. a. außer Zweifel. Teilweise wird sogar die Meinung vertreten, daß der Begriff der kosmischen Strahlung selbst erweitert werden kann, beispielsweise durch Einbeziehung der Gammastrahlung, deren Energie 10^{11} eV übersteigen kann.

Die modernen kosmophysikalischen Beobachtungen und Experimente sind durch nie gekannte Schwierigkeit, hohe Genauigkeit und durch eine gewisse „Exklusivität“ gekennzeichnet. Wegen der Diffizilität der Erscheinungen werden viele Untersuchungen an der Leistungsgrenze der Beobachtungstechnik, an der Empfindlichkeitsgrenze der einzelnen Methoden durchgeführt. Sehr intensiv entwickeln sich die traditionellen, passiven Beobachtungsmethoden, bei denen sich der Forscher nicht in den vor sich gehenden Prozeß einmischt. Es entstehen und erobern sich Anerkennung aktive Methoden des Experiments, bei denen nach dem Willen der Wissenschaftler Effekte kosmischen Maßstabes ausgelöst werden (zum Beispiel der von amerikanischen Wissenschaftlern 1962 geschaffene künstliche Strahlungsgürtel der Erde, das durch sowjetische Forscher 1973 hervorgerufene künstliche Polarlicht, erdumkreisendes Radioecho usw.).

Viele Wissenschaftler vertreten die Ansicht, daß in kosmophysikalischen Erscheinungen schwache, aber ständig wirkende Faktoren eine große Rolle spielen können. Dabei wirken einige von ihnen wahrscheinlich als gewisse Trigger (Auslösemechanismen), die zu bestimmten Zeitpunkten „die Schleusen öffnen“ und bestimmte Prozesse in Gang setzen. Es erscheint beispielsweise nicht ausgeschlossen, daß die ständige Bombardierung der Erdatmosphäre durch kosmische Strahlung irgendwie das Wetter beeinflußt. Möglicherweise „entfesselt“ die ständig auf die Sonne wirkende geringfügige Gezeitenkraft von Seiten der Planeten Prozesse, die den elfjährigen Zyklus der Fleckenbildung und der Eruptionshäufigkeit beeinflussen. Teilweise wird auch die Meinung vertreten, daß auch die Sonneneruptionen selbst durch einen bisher noch unbekannten, aber effektiven Auslösemechanismus hervorgerufen werden.

In den letzten Jahren wurde ein Zusammenhang zwischen der Sonnenaktivität, dem Aufbau des interplanetaren Magnetfeldes und einigen meteorologischen Erscheinungen festgestellt. Offensichtlich läuft die Mehrzahl der Erscheinungen in den niederen Atmosphärenschichten an der „Grenze der Instabilität“ ab. Deshalb reicht ein kleiner Anstoß aus, um sie in bestimmter Weise und ganz klarer Richtung ablaufen zu lassen. Die sowjetische Schule der Wissenschaftler auf dem Gebiet der solarmeteorologischen Zusammenhänge vertritt im wesentlichen diese Meinung. Diese Wissenschaftler sind auch der Meinung, daß die langzeitige einseitige Beeinflussung der meteorologischen Erscheinungen durch die Sonnenaktivität einen der wichtigsten Faktoren der Klimaschwankungen darstellt.

Die Kosmophysik befindet sich gegenwärtig in einer Periode des stürmischen Aufschwungs. In den letzten 10—20 Jahren wurde die wissenschaftliche Welt wie die breite Öffentlichkeit mehr als einmal in Aufregung versetzt durch Mitteilungen über erstaunliche Forschungsergebnisse, die beinahe phantastisch anmuteten (z. B. die periodische Strahlung der Pulsare).

Es entsteht der Eindruck, daß die Menschheit „gespannt auf neue Ergebnisse wartet“, die Licht auf die Vergangenheit und die Zukunft unserer Erde und des Sonnensystems werfen. Man kann hoffen, daß sich diese Hoffnungen erfüllen und in nicht ferner Zukunft die Wissenschaftler, die ihr Leben der Erforschung des Kosmos gewidmet haben, dem Himmel viel neue Geheimnisse entreißen — im Namen und zum Nutzen der Menschheit.

Sachverzeichnis

Der Autor

- erläutert die gebräuchlichsten Meßverfahren für die Kosmische Strahlung und diskutiert ausführlich ihre in Erdnähe registrierten raum-zeitlichen Intensitätsvariationen

- bespricht die vermutlichen Quellen und Beschleunigungsmechanismen dieser hochenergetischen Partikel, wobei er besonders auf die Solare Kosmische Strahlung eingeht

- bringt einige Hypothesen über die Rolle, die die Kosmische Strahlung bei der Entwicklung des irdischen Lebens gespielt haben könnte

- wendet sich mit seinem Buch an physikalisch, geophysikalisch und astrophysikalisch interessierte Leser

WISSENSCHAFTLICHE TASCHENBÜCHER

FSC
www.fsc.org
MIX
Papier | Fördert gute Waldnutzung
FSC® C083411

Zeitfracht Medien GmbH
Ferdinand-Jühlke-Straße 7
99095 Erfurt, Deutschland
produktsicherheit@kolibri360.de